銷售有專攻

好心態才是銷售的資本

姚若芯 著

時間管理×情緒續航×顧客洞察……打破銷售焦慮循環

提升你的信任空間，成為顧客真正願意再見的人

◎一直被拒絕，卻又不知道怎麼進步嗎？
◎說都說完了，顧客的表情卻沒變化嗎？
◎每天都在衝，你知道自己在衝什麼嗎？

別再假裝你不是在賣東西——

你賣的不是產品，是讓人信任的自己！

目錄

前言

很多人問我：做業務，最重要的是什麼？是口才嗎？是業績壓力下的執行力？還是運氣？我通常不急著回答，因為我知道這背後其實藏著另一個更深的問題：一個人要怎麼和他所做的事情，建立起真誠的關係？

我們對「銷售」的理解太常流於表面。好像只要敢推銷，就能當業務；只要夠拚，就能做出成績。但真正的銷售冠軍從來不是靠這些元素撐起來的。他們靠的不是一招一式的技巧，而是一整套思考方式，一種內化到骨子裡的理解：你不是要「說服」人，而是要懂得如何讓人願意信任你。

這本書，是寫給那些每天都在面對選擇、壓力與不確定的人——無論你是剛進職場的新人、轉換跑道的職人，還是想把銷售從「一份工作」做成「一種能力」的自我經營者。

我相信，銷售不該被局限在業務部門。它其實是每一個現代人都需要的核心素養：如何與人建立信任、怎麼表達自己的價值、如何理解別人的需求，並提供真正有意義的解方。

這些年，我訪談過許多真正在市場上跑過、跌過、翻轉過的人。他們不一定都是書上寫的成功案例，有些甚至連團隊內部都沒注意到他們的轉變。但我看到的是：他們從一次次的拒絕裡，練出韌性；從一次次的提案裡，練出洞察力；從一次次的對話裡，練出了一種能讓人願意把信任交給他的氣場。

本書沒有神奇話術，也不提供一步到位的快捷法。我想給你的，是一套可真實運作的系統思維 —— 從心態、行為、節奏、到表達與自我建立，每一章都拆解出銷售過程中最關鍵但也最容易被忽略的元素。

你會看到很多來自不同行業、不同背景的故事，這些案例都來自真實世界，而不是包裝出來的勵志情節。你也會遇到一些來自心理學、談判學、行為科學的觀點，那不是為了讓書顯得有深度，而是因為，真正能在實務上產生力量的理論，從來不只是知識，而是工具。

我不認為每個人都要成為業績第一的人，但是我相信，每個人都值得學會 —— 怎麼讓自己在這個需要表達、需要理解他人、需要面對壓力與行動選擇的時代中，更穩、更準、更像自己地站著。

如果你也曾經懷疑過自己是否適合銷售，如果你也在尋找一種能長久支撐你的方式，那麼，本書就是你會需要的那一份地圖。

一、銷售從心態開始：打造不敗心志

1. 不是會說話就能當業務，是要敢輸敢贏的心態

銷售現場最真實的畫面，往往不是你想像中那樣——話術犀利、氣場滿滿、顧客頻頻點頭。更多時候，是業務打開門，對方表情淡漠地說「我很忙」，你站在那裡，連第一句都還沒開口就已經被下了判斷。真正的難，不在於說什麼，而是能不能在這樣的情境裡，還是穩穩站住，不怕輸、不怕尷尬、不怕沒結果。

很多人以為，只要口才夠好、講得夠順，銷售就會順利。但真正優秀的業務，往往不是最能言善道的那一位。他們或許語速不快、話不多，但每句話都讓人感受到誠意；他們不見得擅長推銷產品，卻能在對方猶豫時，說出一句讓人卸下防備的話。他們贏的，不是話術，而是「承受行動結果的能力」。

我們都會害怕拒絕，但業務的日常，就是不斷地去面對「還不知道結果」的那一步。許多剛入行的新手，在真正開口前，心裡早就模擬了數十種對話走向，光是想到對方可能說「不用了，謝謝」，就已經緊張到不敢按下撥號鍵。明明知道該去拜訪，卻在門外猶豫了又猶豫。其實，那是一種對

「做了卻沒用」的深層恐懼。

心理學家亞伯特．班度拉（Albert Bandura）在提出「自我效能感理論」（self-efficacy）時指出，一個人會不會採取行動，關鍵不在於能力是否足夠，而在於他是否相信「這麼做會帶來成效」。換句話說，我們行動的動力，來自於「相信有用」，而不是「因為已經會了」。一旦這份信念動搖，人就容易退縮、逃避，甚至開始否定自己。

對於業務工作而言，這是一種極其危險的心理狀態。因為銷售的本質，就是不斷地主動出擊。你不開口，就沒有對話的起點；你不嘗試，連被拒絕的機會都沒有。

而這份「相信自己做得到」的信念，從來不是靠聽講座或讀心靈雞湯建立起來的。它只能靠一次次真實的開場慢慢累積。每一次你願意撥出一通電話、啟動一場拜訪，或在尷尬沉默中多撐幾秒，其實都是在為你的心態打底。那些能穩定產出成果的業務，並不是因為不怕輸，而是因為在一次次沒有回應的經驗裡，逐漸養出了一種「面對輸」的心理免疫力。

我曾經帶過一位剛轉職進來的新人，前一份工作是在餐廳做櫃臺，對銷售幾乎沒有經驗。他進公司第一週拜訪了十幾個潛在客戶，每一次都沒有下文。他沒有表情低落，但是我知道他其實心裡很焦急。直到第五天下午，他拜訪一間中型貿易公司。對方聽完他的開場後，只回了一句「你資料留著吧，我有需求再找你」，態度冷淡。他點點頭、轉身就要走，結果對方忽然補了一句：「你名片上那個 LINE，我加一下好了，回頭再問你細節。」那是他入行以來第一次收到「看起來像是機會」的回應，雖然當下沒成交，但他回來後的語氣完全變了。他跟我說：「我今天發現，很多時候我以為失敗了，但其實對方還在觀望；我只要不要自己放棄，對方就還有可能給我一次機會。」

這樣的體會，從來不會出現在標準作業流程裡。它不是誰教出來的，而是在現場一次次撞牆、跌跌撞撞之後，才慢慢悟出的經驗。

心理學家安琪拉・達克沃斯（Angela Duckworth）在研究中指出，堅毅（grit）是決定一個人能否長期完成任務的關鍵特質。她強調，堅毅的本質不是不斷成功，而是在遭遇失敗之後，依然選擇投入。這份韌性，不只是一種心理強度，更是一種可以練習的日常行為。

對業務來說，這樣的韌性體現在細節裡：你是否願意把一場沒有成交的會面，當成一次有價值的演練？你是否能夠在被拒絕之後，仍帶著好奇心回想顧客語氣的變化、句子的停頓、情緒的轉折？那些真正持續進步的人，不是因為一路順風，而是因為在每一次失敗裡，都逼自己留下點什麼。

有些人會說：「但我已經很努力了，還是沒成果。」這句話的問題在於，它假設了「努力就該有立即回報」。但銷售節奏從來不是線性的。很多業務最後能穩定輸出，是因為他們早就學會了一種不以「成效」為唯一標準的計分方式。與其在乎是否成交，他們更在乎的是：今天我是否又開了一個新的對話？是否比昨天更了解對方的需求？是否在話術上有更貼近的調整？這種「非成果式推進指標」讓他們能更專注在自己可以控制的部分，也更能從日常行動中獲得持續感。

我們可以進一步用「行動設計」的角度來思考。一位前輩分享過他自己設計的規則：「我每天只計算三件事：有沒有開口、有沒有觀察、有沒有記錄。成交是額外的獎勵，不是我計算的核心。」這樣的心態，讓他即使遇到連三天無成交也不焦慮，因為他知道自己不是白跑。這種思維，其實是一種銷售肌力的養成方式，不靠運氣，也不靠情緒推動，而是靠設計與紀律。

承受輸贏，不等於放棄輸贏，而是能在每一次成敗的當下穩住自己，不被拉扯得失衡。這樣的心理狀態背後，依靠的是一種名為「心理安全感」(psychological safety)的力量。

哈佛大學教授艾米．埃德蒙森(Amy Edmondson)在研究中指出，當個人處在一個能夠自由表達、容許錯誤而不被否定的環境裡，創造力與行動力會顯著提升。她原本用這個概念來描述團隊中彼此信任、不害怕犯錯的氛圍，但對於業務工作而言，這份安全感未必來自團隊文化，更可能要從自己身上建立起來。

你願不願意允許自己今天做不到？你能不能在沒達成目標的時候，仍然讓自己保持觀察與行動？這是一種內建的心理避震系統，它不是讓你不在意輸贏，而是讓你即使在輸的時候，也不至於崩盤。真正穩定的推進力來自你願意承認挫折，卻依然選擇向前。

我看過不少厲害的業務都有類似的行為特徵：被拒之後，不急著總結原因，而是先休息、歸檔、隔天重啟。他們不是因為特別堅強才不被打擊，而是因為建立了「拒絕後怎麼處理」的流程。他們知道情緒會來，但他們也知道怎麼讓情緒走。這份穩定，是他們能長期穩定行動的底氣。

現在，你可以問問自己 —— 你願意被拒絕幾次？你能承受幾次對話沒結果而仍然維持信心？這個問題的答案，決定你能走多遠。做業務的本質，其實不是能力高低的競爭，而是能不能一次次重新出牌的心理耐力比賽。

想像自己在一場持續十年的牌局裡，你可能會輸幾場，也可能會空手而歸。但只要你還坐在牌桌上，你就還有下一輪。願意繼續出手的人，才有機會等到機會牌發下來的那一刻。

所以，成為頂尖業務的第一步，從來都不是學話術，而是建立起那個敢輸也願意再試一次的自己。

2. 從抗壓走向抗挫：養出內建續航力的業務人

在銷售這條路上，你會看到兩種很不一樣的人。一種人撐得很用力、總是拚盡全力硬撐著；另一種人好像走得比較輕鬆，卻能撐得久、活得穩。前者給人一種「有衝勁」的感覺，但幾個月後常不見了蹤影；後者不一定出風頭，卻總是在關鍵時刻還在線上。

這之間的差別，不在於誰比較努力，而是「用什麼方式在面對壓力」。很多業務撐到後來，其實不是輸在能力，而是輸在內部耗損。當我們談「抗壓」時，常預設的是你得有一副能撐重的肩膀，但事實上，現代職場環境下更重要的，是「抗挫」—— 也就是，當壓力來了、情況不好、被拒連連的時候，你能不能在失敗後重組，重新站回原地。這不是體力，是一種心理運作系統。

心理學家喬治．波納諾（George Bonanno）長年研究心理韌性（resilience），他提出：「所謂韌性，不是你不會受傷，而是你能在受傷後恢復功能。」這句話道出一個重要的心理真相：真正的抗挫力，並不是要你對失敗無感，而是即使感受到挫敗，也仍能重新整頓自己，回到行動的狀態。

對業務工作而言，這才是心智能量的核心來源。壓力從來無法完全避免，但我們能決定用什麼方式去接住它，是用否定與焦躁來反應，還是用調整與前進來回應。真正的心理韌性，在於你能在承受壓力之後，仍保有方向、維持前進的節奏。

我曾經帶過一位業務，她剛進公司時，總是很積極，但也很容易懷疑自己。連續三個月，她沒有成交任何一筆單，也接連被主管否定過幾次。她不是不努力，只是越來越懷疑自己是不是不適合這份工作。直到有一天，我看到她在早上打卡前，把自己的記事本攤開，裡面寫著：「昨天失敗的點：說話太快。今天提醒自己：節奏慢一點，讓對方有反應空間。」那是她自己啟動的自我對話機制。從那之後，她每天會在下班前寫三行文字：今天最好的互動、最失衡的時刻、明天可以調整的事。幾個月後，她不僅成交了幾個大客戶，也成為部門裡最穩定的成員之一。她說：「我也會受傷，但我學會怎麼照顧那個每天都可能會被打擊的自己。」

真正能撐得久的人，往往不是因為更堅強，而是因為他們讓自己「比較容易啟動」。換句話說，他們的行動不是靠情緒激勵，也不是靠意志力苦撐，而是刻意設計出一套可以重複執行的行動節奏。

這樣的設計，其實和行為經濟學中所說的「摩擦成本」

（friction cost）概念非常接近：當一件事的起步門檻越低，我們就越容易持續進行。如果每天早上都要花很多力氣說服自己出門，那麼你早晚會感到精疲力盡；如果每一次拜訪都像是一場心理戰，很快就會消耗掉原本的熱情。

但如果你能為自己設計一個簡單、固定的啟動流程，例如：每天早上七點半回顧一下前一天的對話紀錄，八點前發一則關心客戶的訊息，八點半準時出門。這樣的流程不需要你燃燒情緒，也不依賴即時動機，而是靠慣性驅動前進。越是低摩擦、可重複的啟動流程，越能保護你在高壓環境下維持穩定輸出。

除了行動的摩擦之外，情緒的消耗也是許多業務撐不久的主因。情緒不是敵人，但如果你沒有覺察，它會在不知不覺中拖垮你。許多人不是被拒絕擊倒，而是被自己的情緒反應反覆內耗。被拒絕後，不是難過就結束了，而是開始懷疑自己、懷疑體系、懷疑一切，最終決定放棄。這不是拒絕的力量，而是「無法處理挫折感」的累積。

在心理學中，有一種被廣泛運用的情緒調節策略，叫做「再評估」（reappraisal）。它的意思是：重新定義事件的意義。

舉例來說，當對方沒有回應你時，你原本可能會想：「是不是我講得太差？」但你也可以試著這麼看：「或許我目前的切入點，還沒真正觸及對方的需求。」這樣的轉化，不是自我安慰，更不是否認現實，而是一種轉向行動調整的能力。它幫助我們從情緒反應的漩渦中抽身，把注意力放回可以修正、可以優化的地方。

你也可以建立一個簡單的日常覺察練習。比方說，每天結束時，幫自己做一個 0 到 5 分的情緒評分：今天的壓力有多大？主要是疲憊？還是挫折？還是空轉感？光是這樣靜下來命名情緒，就會讓你更清楚地知道自己在哪裡、怎麼了。因為情緒一旦被命名，就比較不容易蔓延失控，而是能夠被你溫和地看見、承受，然後轉化成下一步的選擇。

續航力並不需要一套複雜的訓練，有時只是一個小習慣的累積。我認識一位資深業務，他每天收工後都會寫一句話送給明天的自己，例如「明天的你記得先問對方最近忙什麼，不要急著提方案」。他說這個習慣讓他覺得每天都不是重啟，而是延續。這種「連續性的自我對話」，會讓人不容易被突發狀況擊倒。因為你會感覺自己不是在拚命，而是在前進。

在面對高頻率情緒輸出的工作中，真正重要的，往往不是你能不能「撐住」，而是你是否還能在疲累之中，維持一點可用的情緒能量。這種狀態，有些教練會稱之為「情緒續航力」—— 即使累了，你還有辦法維持行動的節奏與穩定。

無論你是剛入行的新手，還是已經在這條路上走了一段時間，如果你開始發現自己越來越不想開口、越來越抗拒介紹產品、越來越害怕成果落空，那不一定代表你不適合這份工作，更有可能是你的續航機制出現了磨損。

與其質疑自己，不如重新設計一套更適合當下狀態的節奏與回復方式。真正能夠長久走下去的業務，不是從不疲憊的人，而是那些知道怎麼照顧自己狀態、願意更新行動機制的人。

續航力背後，還牽涉到一個更深層的因素：你是如何看待你自己。

心理學家丹・麥克亞當斯（Dan McAdams）提出一個重要觀點——我們會透過自我敘事（narrative identity）來定義自己，也就是把生命經歷編織成故事，進而形成對自我的理解與定位。如果你心裡總在對自己說：「我就是那個講得不夠好的人」、「我總是運氣不好」，那麼即使外在條件改善，內在的動力也很難真正提得起來。因為那不只是現實的回饋問題，而是你已經透過故事，把自己定義成了一個「總是輸的人」。

但如果你願意慢慢轉變自己的敘事方式，情況會不一樣。比方說，把故事改寫成：「我是那個每一次都比上一次更懂得調整的人」、「我是那種能從錯誤裡長出行動力的人」，那麼，即使面對相同的結果，你的情緒反應會不同，你的決策方向也會跟著轉變。因為故事不是附屬於行為的東西，而是行為背後的力量來源。

我常建議業務在一週的最後一天，寫一封信給下週的自己。信裡不用寫目標，而是寫這一週你學到了什麼、碰到什麼困難、怎麼度過。這不只是一種整理，更是一種心智定位的儀式。當你學會為自己的過程賦予意義，而不是只盯著結果的好壞，你就會開始看到自己是一個不斷修正與前進的人，而不是一個被數字追著跑的人。

最後，我想說的是：我們活在一個講求高效與表現的時代，但真正能長久做出影響力的人，不是那些一直拚命的人，而是懂得設計步伐、整理自己、在每次跌倒後都能穩穩站回來的人。續航力不等於更強，而是你不需要用那麼大力氣，也能繼續走下去。

下一節，我們將進入動機的內部設計，談談如何從外在激勵轉向內在點火。但請記得，任何技巧、策略，若沒有這份「能走下去的韌性」撐底，都只是短期熱血。真正的業務冠軍，不會因為一次挫敗就動搖，也不需要靠掌聲來證明自己。他們的力量，來自於那個「每天都能讓自己再啟動一次」的能力。

3. 熱愛是願意每天重新出發的意志

清晨 6 點 45 分，他穿上襯衫、確認筆電與業務簡報，準備展開一天的拜訪行程。窗外飄著細雨，腦袋裡還在盤旋著昨天那三通被拒絕的電話。他做足了準備，也想好好努力，但是心裡忽然冒出一個很小聲的念頭：「我真的還想繼續嗎？」

這樣的時刻，任何一個做業務的人都不陌生。你明明知道該出門、該打電話、該維持節奏，但身體已經不是那麼自動地啟動了。這時候，支撐你的，不會是昨天的業績，也不是明天的激勵講座，而是你對這件事「仍然選擇出發」的決心。那，不是靠熱情，而是靠意志。

我們常把「熱愛」當成一種情緒，以為它應該是高昂的、持續的、讓人感覺到力量的。但現實是，熱愛很多時候是安靜的，是藏在你雖然疲憊，但還是打開門的那一刻。真正走得長久的，不是每天都熱血的人，而是即使沒有情緒，也願意再動一次的人。

心理學家維克多·法蘭克（Viktor Frankl）曾說過一句極

為深刻的話：「人可以忍受幾乎任何處境，只要知道這是為什麼。」這句話背後的精神，來自他所提出的「意義治療」(logotherapy)。他認為，人類最大的心理動力，不是追求快樂，也不是逃避痛苦，而是尋找生命的意義。只要一個人能夠為自己的行動賦予意義，他就能從中撐出強大的生存力。

這樣的觀點，不只存在於極端處境中，對銷售工作同樣成立。真正能走得長遠的業務，往往不是最聰明的、也不一定是最拚命的，而是那些始終清楚自己為什麼選擇這條路的人。因為當你知道這份工作對你來說代表什麼，你會有能力穿越一段段低潮，也會更願意重新調整、繼續前進。不靠激情，也不靠運氣，而是靠那份清楚、穩定、對內在意義的回應。

如果你把業績當作唯一的動力來源，那麼你會隨著業績起伏，對工作的情感也跟著跌宕。有成果時很有勁，沒成果時就陷入懷疑。但如果你知道，這份工作對你來說意味著什麼——是你成為一個能與人建立信任的人、是你學會如何理解他人需求的過程、是你透過行動實現自我價值的場所，那麼即使短期沒有回報，你也不會輕易被擊倒。

我認識一位朋友，過去是年薪五百萬的房仲高層，績效耀眼、名片背後印著無數獎章。他說自己最迷惘的不是沒業績的時候，而是連續兩年都名列前茅之後的某一天，他突然想：「我現在這樣跑，除了數字還有什麼？」他說那一刻的空虛感，比剛入行被拒絕十次還來得深。他最後選擇轉職，成為企業內訓的顧問，不是因為不愛銷售，而是他發現自己熱愛的，其實是「看見人被改變」的那一刻，不只是成交本身。

這段故事提醒我們：熱愛不能只是外在成就的副產品，它必須來自內在價值的認同延伸。否則當你站在某一個看起來光鮮的位置上，卻找不到你與這份工作的連結時，熱情就會像空氣一樣，慢慢流失。

心理學家愛德華·德西（Edward Deci）與理查德·萊恩（Richard Ryan）提出的「自我決定論」（Self-Determination Theory）指出，真正穩定且持久的內在動力，源自三項核心心理需求的滿足：自主感（autonomy）、勝任感（competence），以及歸屬感（relatedness）。

當一個人覺得，自己是出於選擇而非被迫走上這條路；當他相信自己有能力勝任這份工作；並且在過程中感受到與他人的連結與意義，那麼這份動力就不再仰賴外在獎酬，而是能從內部自然產生、持續推動。

這樣的模型，應用在銷售工作上，再貼切不過了。如果一個人每天都靠激勵講座、績效獎金或主管壓力來推動自己，很快就會感到疲乏甚至耗竭。但如果他能從內心認定：

「這是我自己選擇的路」、「我確實能勝任」、「我在過程中真的和人建立了關係」，這份內在便肯定會成為他撐得穩、走得遠的關鍵動力。

那麼，我們該怎麼在日常裡培養這種穩定的內在動力？首先，是重新定義自己的任務。你可以從每天的工作中，選一件事重新命名。例如，不是「今天要拜訪三組客戶」，而是「今天想了解三種不同的需求型態」。這樣的任務命名方式會讓你的重心從結果轉向過程，也讓你每次出門不只是「去完成 KPI」，而是「去建立連結」或「去觀察市場」。你會發現，當意圖變了，你的能量也會變得不同。

第二，是建立啟動儀式。當你把某些行動固定化，就不再需要每天靠情緒去啟動。例如：出門前花 30 秒對自己說一句話，「今天就專心傾聽，不要急著說服」；或是整理名片時重讀一次上週對話的回顧筆記。這些小動作都能讓你在日常裡建立節奏感，減少情緒波動帶來的阻力。

當然，我們都知道「熱愛感」不是每天都有。有些時候你真的會累、會懷疑、會覺得沒意思。但關鍵在於：你能不能設計出讓熱愛感「有機會回來」的條件？三種方式可以幫助你重啟那份感覺：換場景（不要老是去同一個地方，換條路線、換間咖啡店準備資料）；重組任務（把例行的事改成探索型任務，如嘗試不同開場方式）；重新找意義線索（例如，把今天的好對話寫下來，不看成交，只看對話質感)。這些方法看起來微小，但卻是在疲乏中找回「我為何出發」的方式。

銷售這條路，有時會讓人陷入一種奇特的空轉感——每天面對的，是一組又一組的數字、業績、通話紀錄，看似忙碌，其實內心越來越空。當你長期只把自己定位成「達成目標的人」，這份工作可能會慢慢變成一場只剩壓力與績效的競賽。

但有時，轉變不是從環境開始，而是從你怎麼重新描述自己開始。你可以這樣問自己：在這份工作裡，我到底在扮演什麼樣的角色？如果你開始發現：我其實是一個願意主動與人建立連結、願意理解需求、也願意幫助對方前進的人——那麼，這份工作就不再只是「賣東西」，而變成了一種在你生命中有位置的行動。

這種重新敘述自己的方式，不是策略，而是一種內在的連結。當你的工作開始有了「我在這裡的意義」這個維度，你會發現，原本覺得難以持續的事，忽然變得有了重量、有了可被承載的理由。這不是靠激勵來的，而是你開始把自己放進那段故事裡。

我有一位學員，他每週會為自己寫一段「自我進化週記」。不是寫業績數字，而是寫：「這週我學會了怎麼在被打斷時不慌張」、「我發現我說話語速太快，讓對方沒時間回應」。這些紀錄讓他在重複中看見自己的變化，也讓他更容易找到行動的動力。因為他不再是為了結果而努力，而是為了「變成更好的自己」而行動。

這樣的熱愛，不需要大聲說出來，它默默內建在每一次出發、每一段行動、每一段修正裡。你不用每天都充滿火焰，但你可以學會為自己留下一根火柴。只要願意，每天都能重新點燃。

所以，請不要再問自己「我是不是不夠熱愛這份工作？」而是問：「我有沒有為這份工作，建立出一種可以不靠熱情也能走下去的方式？」因為真正的熱愛，從來不是情緒的波動，而是願意每天重新來過的意志。

一、銷售從心態開始：打造不敗心志

二、顧客是夥伴：洞察與同理

1. 顧客不是被說服的，是被理解的

兩位業務走進同一間會議室，面對同一位企業採購。第一位業務坐下不到30秒就開始說明產品功能、價位與優惠；另一位業務則開口說：「能不能先請您聊聊最近這半年遇到最大的困擾是什麼？」前者講了20分鐘，對方幾乎沒開口，只點頭說「我再想想」；後者只講了5分鐘，對方卻主動問：「你們可以幫我們重新整理流程嗎？」這不是巧合，而是溝通起點不同，結果就會不同。

在傳統銷售訓練裡，我們被教導要主動推進、快速傳遞價值主張、預設顧客的問題，並用說明來消除疑慮。但這種做法的出發點，常常是「我要讓你接受我認為對你好的東西」，而不是「我想聽聽你真正需要的是什麼」。這樣的推銷邏輯，放在現代顧客思維裡，往往會讓對方更快關上心門。因為沒有人喜歡一開始就被設想好了答案，卻沒被好好問過問題。

所謂真正有效的銷售，不該是話術的堆疊競技，而是人與人之間關係建立的起點。你怎麼開場、你是否真正在意對方的處境與想法、你願不願意給對方思考的空間，這些都不是制式的技巧，而是一種內在的出發點。

如果你的目的是說服，那你會下意識地在對話中尋找可以攻破的「漏洞」；但如果你的目的是理解，那你會更願意多看對方一眼、多聽他一句話，甚至靜下來陪他把話說完。別將自己置於交易現場，而是一段共同釐清問題、試著找出解方的旅程。

這樣的銷售觀念近年來被越來越多人提倡，有些培訓領域會稱之為「同理心導向的銷售方式」。成交與否並非重點，而在於你是不是能先聽懂對方的焦慮、感受到他的困難，再決定自己是否真能提供協助。成交不該是被迫發生的結果，而是當信任建立之後，水到渠成的下一步。

早在 1950 年代，心理學家卡爾·羅傑斯（Carl Rogers）就提出了「同理理解」（empathic understanding）這個概念。他指出，同理並不等於附和對方，也不是贊同他的觀點，而是帶著非評價的態度，設身處地去理解對方當下的內在經驗。

這句話，對銷售工作來說，有極大的啟發性。因為業務最常陷入的一個陷阱就是：「我知道你在想什麼。」於是，話還沒聽完，就開始講自己的版本，拋出預先準備好的說詞。但真正的同理，不是把對方套進我們熟悉的預測模型裡，而是暫時停下自己的慣性，走進對方的語境，聽他怎麼描述自己的困惑與猶豫，甚至容許那些還沒有說出口的模糊與空白。

真正能夠建立信任的關鍵，是你願不願意先聽、能不能理解那份還沒被整理好的情緒。因為對方說出來的不一定是答案，但是那個被聽見的過程，會讓他相信你在身邊，不只是為了成交。

一位資深顧問這麼說：「我做 B2B 顧問時，從不在第一次會議裡講任何產品。我的任務就是讓對方講滿 30 分鐘，我的責任是聽懂他卡在哪裡，然後再決定我手上那套東西能不能幫得上忙。」

「同理理解」不只是理論，更早已被許多企業實際納入銷售與服務的流程設計中。以美國軟體公司 Zendesk 為例，他們將「客戶旅程地圖（customer journey map）」這類工具運用在銷售與客服部門的跨部門合作中，目的不在於強化流程管理，而是為了理解客戶在每一個接觸點的心理狀態與可能卡關點。

舉例來說，在初次接觸階段，他們關心的不只是「對方來自哪個產業」，而是：「這位決策者目前面臨哪些內部協調壓力？他會在哪些地方開始質疑導入風險？他最在意什麼樣的干擾？」這些問題往往決定了對話的節奏與信任的起點。

Zendesk 在導入這類流程後，儘管成交流程的節奏變慢了，但顧客的留存率、滿意度與續約率都有顯著提升。因為顧客不再只是「完成交易的對象」，而是「被理解的使用者」。真正的轉換，來自於「我被你聽見了」開始。

另一位從事企業流程顧問的朋友，也分享過一個例子。某次他被一間中型製造業邀請討論 CRM 系統導入計畫。對方一開始講得很急：「我們現在資料亂七八糟，想用你們的系統統一起來。」但是這位顧問並沒有立刻介紹產品，而是花了一整天，訪談不同部門、問流程怎麼跑、問各單位怎麼理解「亂」。結果發現問題根本不在工具，而在部門溝通界線混亂，導致資訊不同步。最後，他提供的不是 CRM，而是部門流程重組諮詢案，金額甚至高於原本 CRM 報價，雙方合作也更長期穩定。

這個例子告訴我們一件事：你不需要急著變成解方提供者，而應該先成為問題理解者，因為很多時候，顧客以為的需求，其實只是困惑的表層。他自己都還沒搞清楚的事，如果你急著解釋，那只會更亂。

同理心銷售，不是要你變成心理諮商師，而是要你願意放下業績心態，先陪對方走一段混亂期。這時候，比起說服力，你更需要提問力。

我們可以從三種提問方法開始：

第一種是觀察式提問：從對方的語氣、肢體或反應中提問。「我注意到您剛剛提到流程卡在哪個環節，這是最近才發生的嗎？」

第二種是假設式提問：幫對方想像變化的狀態，激發更具體的需求輪廓。「如果這個問題能解決，您覺得最直接的影響會是哪個部門？」

第三種是沉默型跟進：問完之後，不急著講下一句，而是留個空白，讓對方補完思緒。很多深層訊息，都是在空白裡跑出來的。

提問是一種「讓對方願意多說一點」的姿態。話多不代表就是好業務，能讓對方講出「他平常不會對業務說的話」才是。而這種話，才是決策背後真正有用的訊號。

有一次我在銷售訓練課程中，請學員們做一個對話練習。我給他們一組情境：客戶說「你們價格太高了，我們現在沒預算。」一位學員很快回答：「我們現在有優惠活動，如果您願意⋯⋯」另一位學員則說：「是最近預算調整嗎？還是您還不太確定這項目需要到這個規格？」結果，第一位對話直接結束，第二位得到對方更多資訊：「其實是我們上週剛換老闆，整體策略還沒定下來。」光是這一段回應，就讓後續提案策略完全不同。

很多時候，我們以為銷售要快狠準，但事實上，真正讓你打開對話入口的，常常是慢下來、不急著給答案的那幾秒鐘。你說得再多，對方沒感覺就沒用；你讓他說出口，他才會開始相信你聽得懂他。

最後要說的是：顧客不是被說服的。即使你邏輯再好、資料再齊全，如果對方沒有感覺到「你站在他那一邊」，他還是會把你的提案當成業務話術。但只要他覺得你真的理解他、你是真的想幫他找出對的選擇，那麼就算你沒有馬上成交，你們的關係已經開始建立。

從今天起，把你第一句開場白，從「我來跟您說說我們的產品⋯⋯」改成「方便請您聊聊最近最常卡住的地方是什麼？」這樣的轉換，看起來只是措辭的改變，實際上是整個角色定位的變化。你不再是說服者，而是合作者。而這樣的業務，才是客戶願意再見第二次、第三次的人。

2. 不是每個顧客都一樣：學會看見個別差異

你是不是有過這樣的經驗？面對某些顧客，明明講得頭頭是道、流程也照著跑，對方卻面無表情、毫無反應；而有些顧客則在還沒真正進入說明時就已經下定決心要合作。這種反差，常讓業務一頭霧水，以為是自己的表現不夠好。但其實，問題也許不是你的表達內容，而是你根本還沒看懂「你正在跟誰說話」。

每個顧客背後都有一套屬於自己的心理作業系統。他怎麼理解風險、怎麼解讀你的語氣、怎麼看待承諾，這些都深深影響他如何聽你說話，也決定他願不願意買單。很多業務的卡關，不是話術不夠好，而是沒察覺自己用同一種說法對待所有顧客。你用的是統一口徑，但對方的感知模式卻千差萬別。

哈佛商學院教授傑拉德·扎特曼（Gerald Zaltman）指出，約 95%的消費決策是在潛意識中進行的。換句話說，顧客的購買行為，大多不是因為你講得有多有道理，而是因為你讓他「感覺對了」。

這份感覺，來自他對你說話方式的認知、對你姿態的解讀，以及你是否讓他感受到主控權。這些潛在的情緒反應，往往比理性的分析更能驅動購買行為。

從潛意識運作的角度來看，顧客的「反應」常常不等於他的「需求」，而是他慣常的心理策略。例如，有人聽到價格高，立刻沉默並轉移話題，表面看起來像是拒絕，實際上可能只是進入風險評估期；也有人明明連細節都沒聽完就說「好」，你以為他很好成交，其實他只是想趕快結束談話，不代表真正信任你。

你怎麼說，對方怎麼聽，是兩套系統；你怎麼解讀對方的反應，是第三套系統。而這三套系統若不能對接，就會讓整場銷售對話像是雞同鴨講，最終以一句「我回去想想」收場。

要破解這種「表裡不一的溝通落差」，關鍵在於業務能不能具備一種能力：辨識顧客的心理輪廓。不是從年齡、職位、產業來分類，而是從「他說話方式背後的感知邏輯」來判斷。

根據我這幾年輔導業務與分析成交資料的經驗，大致可將常見的顧客心理輪廓分為四型：

第一種是安全型：這類顧客對風險極度敏感，他們不急著買東西，反而更關注買了之後的「穩定性」。他們常問保固、售後服務、使用期限，代表他們在尋找一種心理上的保證。面對這類顧客，不要用「機會難得」去刺激，要用「你不會出錯」來安定。

第二種是比較型：這類顧客非常習慣「左右參照」。他們問很多問題，對競品、價差、市場行情瞭若指掌。面對他們，先別急著證明自己最好，而是要協助他們整理資訊，用架構幫他們做出選擇。例如：「我們不一定是最便宜的，但這幾項是我們做得比較穩定的地方。」

第三種是行動型：這類顧客不太耐煩，偏好快速決策。他們常說「你直接跟我說重點就好」，也不喜歡你講太多故事或細節。他們要的是效率與明確性，因此面對這類人，談話結構要乾淨，資訊要先抓重點，細節可視反應補充。

第四種是猶豫型：這是最讓業務頭疼的一種。他們會聽你講完，也許點頭，也許不否定，但就是「再等等」。他們習慣把自己卡在猶豫中，因為選擇會帶來壓力與責任。這時候你不能逼迫，也不能任其拖延。你要做的，是協助他把問題「縮小」，例如：「我不跟你談整套方案，我們先來看你最在意的那一點。」幫他一塊一塊拆解決策，讓他產生可控感。

這些分類不是用來貼標籤，而是幫助你做「語言策略的選擇」。因為好的業務知道什麼時候該說什麼。

在顧客尚未說出口前，行為常常早已洩露出他的狀態。而這一點，早已被許多企業實務運用來優化現場互動流程。

以迪士尼為例，他們的幻想工程部門（Walt Disney Imagineering）會在樂園設計與營運流程中，細緻觀察遊客的非語言行為，來辨識哪些環節可能造成心理負擔或體驗壓力。根據《EMBA 雜誌》報導，設計團隊發現，當排隊時間拉長時，遊客常會出現類似焦躁的微動作，例如左右腳重心頻繁轉換、反覆看手錶或手機、手指輕敲欄杆等。這些非語言訊號被解讀為「累積不耐但尚未明說」的徵兆。

針對這類現象，迪士尼選擇的不是說服顧客更有耐性，而是重新設計體驗流程。比方說，在排隊動線中加入視覺節目或即時資訊提示，例如「距離體驗還剩 10 分鐘」的動態看板，來降低不確定感；又如調整動線轉角的設計，讓顧客在轉彎後總能看到移動進度，避免產生「怎麼還沒輪到我」的心理落差。

這個例子提醒我們，真正懂現場的人，不只是會講話、會推進，更重要的是：能看得出對方還沒說出口的反應，並在第一時間切換適當的語境與節奏，讓顧客感受到「被理解」，而非「被急著推著走」。

我也曾訪談過一位壽險顧問，他提到自己過去常因為對所有顧客都用同一套講法而吃閉門羹。後來他開始留意每位顧客的家庭結構與生活節奏，做了不少轉變。例如，面對單親家長，他會多花點時間談孩子未來可能面對的風險與資源選擇；面對新婚族群，他則會改用「你們人生第一份共同保障要怎麼選」來開場。這種「說話的重點順序」調整，讓他成交率提升三成以上。

他分享了一句話讓我印象深刻：「我說話的內容沒怎麼變，但是我開始懂得怎麼看人了。」這句話正是本節的核心：你對顧客的敏銳度，決定你傳達內容的落點。

那麼，我們可以怎麼實際操作這些觀點？

我建議建立一個簡化版的三步驟語言策略：

(1) 辨識顧客風格：觀察對方說話節奏、問題類型、行為模式，預判其心理輪廓。

(2) 選擇語言主調：依風格切換語言姿態（陪伴型、邏輯型、效率型、穩定型等）。

(3) 留空回應空間：給予對方說話與思考的時間，不急於填滿空氣，讓對方自我釐清。

這三步驟看似簡單，但若能內化為日常話語習慣，你會發現你不再被話術主導，而是開始真正「對人說話」。

最後想提醒的是，溝通落點的關鍵，不在你說了什麼，而在對方接收了什麼。而對方能否接收，取決於你是否用

「他能聽懂的方式」說話。

每一次你在開口前，多想一秒鐘：「這個人可能怎麼感受這句話？」你就已經比九成的業務更接近顧客的內心。

將「我要怎麼講得更完整？」變成「我要怎麼讓他聽起來比較輕鬆、比較相信、比較能做決定？」因為在這個資訊過載、選項爆炸的時代裡，真正能成交的，是那個能看出差異、給出貼近語言的人。

3. 建立信任，讓顧客感到你站在他那邊

有些業務在介紹產品時，條理分明、邏輯清楚、資料詳實，卻總讓人覺得「哪裡怪怪的」；而有些人話不多、語氣溫和，卻讓顧客卸下戒心、願意深入對話。這樣的差異，幾乎從第一分鐘就能感受到，關鍵並不在於你說得多漂亮，而在於——顧客感覺你，是不是在為他說話。

真正的信任，不會因為你準備得再好、講得再有道理就自然出現。它是透過一種更底層的感知而累積起來的：你是不是站在我這邊？你是不是在乎我的立場？你是不是願意為我多想一步？這些問題，顧客雖然不會直接說出口，但他會默默感受，也會默默決定要不要把決策交給你。

顧客對業務的信任，不只是對產品資訊的認可，更深一層，是一種「整體感受」——來自對你這個人的觀察與感知。

在實務顧問領域中，有一套被廣泛引用的「信任方程式」，出自《值得信賴的顧問》(*The Trusted Advisor*) 一書，作者包括大衛・梅斯特 (David H. Maister) 等三位顧問實務

與組織行為專家。他們提出，信任感的建立可由以下公式理解：

信任＝（可信度＋可靠性＋親近感）／自我導向(self-orientation)

換句話說，對方會不會信任你，取決於四個關鍵因素：你是不是讓人覺得專業、你說的話和做的事是否一致、你有沒有讓對方感覺舒服安心、以及最重要的 —— 你是不是一直把自己放在對話的主角位置。

前三項是你努力經營的表現，但最後一項，才是能不能維持信任的底線。因為一旦對方感覺你背後的動機是為了自己，而不是為了「幫助他」，那麼就算你表現得再穩重、再可靠，也很難真正讓信任成形。

這不只是一條理性公式，更是一面照見動機的鏡子。你每一次的語氣、眼神、回應的速度與內容，都在默默地回答一個問題：「你，是站在誰那一邊？」

那麼，顧客到底是怎麼判斷一個業務的動機是真的為他好，還是只是想成交？

行為經濟學家丹・艾瑞利(Dan Ariely)在其著作《不誠實的誠實真相》(*The Honest Truth About Dishonesty*)中指出，人們在評估對方是否值得信任時，往往不是依靠長篇說明或邏輯推理，而是仰賴「一些看起來不起眼、卻足以傳遞誠意的行為訊號」。這些微小行為，比你想像的更具說服力。

例如，在介紹方案時，你是否願意主動指出限制？在顧客表達猶豫時，你是否能誠實地說出「這個方案其實不一定適合所有人」？這些看似會讓顧客退卻的話語，反而是信任感建立的關鍵節點。因為真正讓人願意靠近的，不是完美無瑕的推銷，而是一種讓對方感覺「你不是為了成交才說話」的動機清晰度。

顧客未必能說出你哪一句話最打動他，但他一定會記得你有沒有誠實。你可以不完美，但你不能模糊。因為一旦感受到被隱瞞，就算產品再好，信任也很難回來。

看似會「降低成交率」的說法，反而是建立信任最關鍵的語句。因為顧客真正要的是一個不隱藏、不過度包裝、願意站在他角度說話的人。

在建立信任的過程中，最難偽裝的，是動機。對顧客而言，他們希望業務的每一個選擇與建議，背後真的是站在自己立場出發。美國房產平臺 Redfin 就在制度設計上，明確體現了這樣的文化。他們的房地產顧問並非依成交金額提成，而是領取固定薪資，並根據顧客滿意度評比績效。這意味著，Redfin 的業務人員並不會因為銷售某個高佣物件而獲得更多收入，他們的目標不是「成交」，而是「幫助客戶做出正確決定」。

Redfin 對外公開強調，這套制度的設計初衷，就是為了排除銷售壓力，讓代理人能更誠實地與顧客對話，也讓信任的累積，回到服務本身。

信任的建立不是單一事件，而是你在關鍵時刻的選擇。你是否願意說那句「對你好、但對我不一定有利」的話，才是顧客用來判斷你值不值得長期往來的依據。

除了動機之外，「揭露」本身也是一種信任策略。在許多重視長期關係經營的企業中，業務培訓已不再只是強調「如何讓人買單」，而是轉向「如何讓人安心決策」。許多一線銷售團隊發現，一份值得信任的提案，往往不是靠精緻的包裝，而是來自於你是否願意揭露那些可能讓成交變慢、但對顧客決策更完整的資訊。

愈來愈多企業在銷售指引中，主動要求業務人員在說明產品時，不僅要強調優點，也應清楚呈現限制條件與適用邊界——別等顧客提出疑問後才補充，在一開始就坦誠揭露。這樣的誠意，雖然可能在短期讓成交機率下降，卻常常換來更深的信任與更高的續約意願。因為顧客感覺到：「你不是在說服我，而是在陪我做出對的選擇。」

你可能會問：那我是不是都要故意講缺點？不是。關鍵在於「透明」，而不是「製造矛盾」。你只要做到這三件事，就已經比大多數業務更能贏得信任：

第一，利益揭露。在適當時機說明：「這個方案在我們公司不是最高利潤的，但比較符合你現在的需求。」這樣的話表明你並不只為利益推進。

第二，選擇透明。與其講「這是最適合你的」，不如說：「我們有A方案也有B方案，A能快速上手、B長期成本低，不知道你目前優先考慮的是哪一項？」這種開放式引導，讓對方覺得主控權還在他身上。

第三，拒絕不合適的銷售。有時候，最有力的信任建立方式，就是勇敢地說：「我覺得這不見得是你現在最需要的，我們可以等你狀態更適合時再討論。」這樣做短期可能沒有成交，但長期會讓對方感覺你是一個值得再找的人。

除了行為與語言策略，信任其實還有一個更底層的來源：身體感知。

信任從來不是一個邏輯推論，而是一種由身體發出的判斷。神經經濟學家保羅．扎克（Paul Zak）指出，當人感受到來自他人的善意、誠懇與一致性時，體內會釋放一種名為催產素（oxytocin）的激素，這種物質與建立人際間的信任與連結感密切相關。扎克的研究顯示，高催產素濃度通常會對他人的信任感提高有所助益，也因此被稱為「信任荷爾蒙」。

研究者普遍認為，非語言行為——像是穩定的眼神接觸、語氣的一致性與整體行為表現——在社會互動中所傳遞的「可信度」線索，確實會透過潛意識影響對方是否選擇相信你。

也就是說，「讓顧客覺得你可信」，不只是語言設計，更是行為語境的建立。你的肢體姿態、語調、說話節奏，會在無形中決定對方對你打開了多少感知通道。讓人相信你的關鍵在於你怎麼講、你在不在乎對方、你是不是用對方聽得懂的方式說話。

我曾經聽一位業務分享，他說他刻意讓自己在面對猶豫型顧客時講話速度慢下來、眼神溫和、手肘輕搭桌面、姿勢略前傾。他說：「我知道對方在怕，所以我用我的語氣讓他知道我沒要逼他。」結果就是，對方雖然沒有當場成交，兩天後卻主動回電，說：「你那天讓我覺得很放心。」

所以，信任不是你「講得好不好」，而是你有沒有讓對方「感覺到你站在他那邊」。這感覺來自於對你整體行為、語氣、動作與語言組合的總體感知。

請記得，你越是「不急於說服」，顧客越會願意靠近。你越能表現出「我不急著成交，但我會照顧你決策過程的感受」，對方就越會願意把下一步交給你。

這樣的人，才是顧客會記得、會再找、會放心合作的業務。

二、顧客是夥伴：洞察與同理

三、成為信任的橋梁：建立關係的底層邏輯

1. 關係是靠有價值的連結

在業務圈裡，我們很常聽到一句話：「跟他很熟啦，這單應該沒問題。」但現實經驗卻反覆提醒我們：熟不代表信任，更不代表能合作。很多業務人員因為與某位採購、窗口吃過幾次飯、聊過幾次近況，就誤以為對方會把資源分給自己。但實際上，一旦對方真正面對內部審核、風險控管或是績效壓力時，那些「交情」往往比不上另一位帶來具體價值的陌生人。

這就是所謂「人情式連結」的盲點：它仰賴的是情感記憶，而不是功能交換。在短期可能有效，但難以承載高風險的決策責任。真正穩定、可長期發展的業務關係，必須建立在價值交換的邏輯上，而非人際關係的溫度上。

我曾經訪談一位科技業業務，他提到一段令人印象深刻的經驗。有一次他參與某家大型集團的標案，與採購窗口早有數面之緣，甚至在業界餐敘中聊過許多。那次投案前，他並未特別準備差異化提案，心想「我們關係不錯，他應該會照顧我」。結果案子卻由另一家過去從未合作的廠商拿下。後來私下問了對方一句：「你怎麼沒選我？」那位採購的回應是：「你很好，可是對方那份提案，有幾個我們沒想到的點，讓我可以說服我的主管。」

這段話讓他瞬間清醒。原來，在對方的工作邏輯裡，能幫他說服內部的資料，才是「真正能靠得住的人」。你自以為的交情，可能只是對方出於禮貌維繫的表面溫度。

社會心理學家馬克·格蘭諾維特（Mark Granovetter）在其 1973 年發表的經典論文〈*The Strength of Weak Ties*〉中指出，人們獲得關鍵資訊或機會的來源，多半來自「弱連結」—— 那些不是你最熟、最親近的人，而是你平常不太往來，但仍保持某種程度互動的人。原因在於，強連結的人脈與我們的資訊圈大致重疊，無法帶來突破性的新資源；而弱連結則來自不同的社會位置，反而更可能帶來你從未接觸過的機會。

換句話說，突破的關鍵並不是靠熟人辦事，而是靠你是否在「不熟的人眼中」也具備價值。這個理論在銷售情境中同樣成立。你能不能被一個只見過一次面的人推薦？你能不能讓一位接觸兩次的客戶願意幫你牽線？這才是判斷你價值密度的關鍵指標。

我們可以進一步理解「弱連結」的優勢所在：

- 強連結：資訊重疊性高、安全感強、風險低，但是機會拓展性弱。

◆ 弱連結：資訊來源多元、能跳脫同溫層、拓展機會廣，但是要靠信任與價值維持黏著力。

對業務來說，善用弱連結的關鍵不在「擴充人脈數量」，而是「設計讓人記得你價值的出現方式」。

若我們不再依靠熟識與頻率來維繫關係，那麼，什麼樣的連結方式才能真正讓對方感受到你值得長期互動？以下是來自多位資深顧問歸納出的三步驟策略：

1. 理解對方的任務焦點

與其問「最近好嗎」，不如問「這季你們部門的 KPI 變化有調整嗎？」讓對方知道你關心的是他手上的任務與壓力，而非泛泛關心。

2. 提供精準可用的協助

不一定要是產品推薦，有時候是一份行業報告、一次同業觀察心得或是一場活動的引薦邀請。關鍵在於：對方會因為你而更快、更有效率地處理某件事。

3. 保持關注，但不占據對方注意力

不是每週一封廣告信，而是偶爾一則針對性強的資訊提示，或在他有動作時主動按讚、留言、詢問。你不用持續出現，但要「在該出現的時候都能出現」。

這三個步驟的本質，在於讓你成為對方職場節奏中的一個「正向回饋節點」。不靠頻繁刷存在感，而是靠每次出現都能讓對方「更接近目標」。

以國際企業 Salesforce 為例，他們在導入資料治理工具時，選擇與平臺商 Alation 合作。這段合作關係的起點，並非來自傳統的業務推銷流程，而是出於 Salesforce 對內部資料治理需求的深入評估。Alation 提供的資料目錄與自助分析機制，協助 Salesforce 上萬名員工在雲端環境中更有效率地探索與使用資料，並針對不同部門建立一致的資料治理架構。根據 Alation 官方案例說明 Salesforce 透過導入其平臺，優化了跨部門資料共享的邏輯與角色分工，也在向 Snowflake 遷移的過程中，成功解決了多項資料合規與使用一致性的挑戰。

雖然雙方在合作初期彼此並不熟悉，但 Alation 的負責人後來在公開報導中指出，Salesforce 團隊對內部資料應用挑戰展現了高度的透明與理解，讓他們更有信心共同設計一套可長期運作的資料策略。這種關係建立的關鍵，不在於一開始就急於推動某項方案，而是在於雙方能否從問題出發、站在同一陣線，找到對彼此都有利的解決方案。

在臺灣，也有行銷顧問採取不同的策略來經營弱連結。有位自由行銷顧問長期服務於製造業與健康產業，他發現自己若僅靠熟客經營，很難拓展客群，因此嘗試與幾位來自不同產業的夥伴建立「資訊交換合作圈」。

做法很簡單：每月一次小型會議，每人提出一項當月觀察（如產業趨勢、市場調查數據、內部簡報素材），並允許其他成員在不涉及機密的前提下引用。這個做法最初只有3人，後來因為資訊實用且不含業務推銷，很快擴展到10多位業內中階決策者參與，彼此開始互相推薦客戶、共同投案。

這種基於信任與知識交付建立的連結，不僅讓他在疫情期間逆勢成長，也成為後來企業轉型案中，許多大型企業內部推薦的對象。

最後，我們該把「關係經營」這件事，從「靠個人魅力」的模糊印象中拉出來，納入日常系統設計之中。你是否建立了固定觀察對方動態的機制？你是否設計了定期釋出價值資訊的節奏？你是否評估過哪些人脈是「應該維持弱連結狀態」而非強行加深的？

強連結靠時間與互動頻率累積，而弱連結靠設計與節奏維繫。真正高效的業務，不是關係最熱絡的那位，而是讓最多人願意主動找他、覺得他「值得介紹出去」的那位。

實務上，可以嘗試以下這套「弱連結維繫節奏表」：

- 每週主動接觸3位不熟但互動過的對象（如：合作過但未成交的顧問、業界講座中交換名片的參與者）
- 提供「非銷售訊息」：如一份觀察、推薦一篇文章、回顧一場活動
- 建立一份「資訊貢獻紀錄」：記錄你這個月提供過哪些無償資訊，觀察對方回應

這些動作不是為了立刻成交，而是讓對方在某一天需要某項資源時，會第一個想到你。因為在他的世界裡，你就是那個「有用、可靠、不打擾的人」。

2.　成交前，要先變成可信賴的解方來源

有些業務見到客戶第一句話還沒說完，內心就已經在演練如何成交的話術 —— 怎麼說明產品定位？怎麼回答價格？怎麼鋪墊優惠？他們將所有注意力集中在「讓對方點頭」這件事上，卻忽略了一個更關鍵的問題：對方為什麼要信你？若對方對你尚未建立起可信任的感覺，那麼無論你的提案多麼清楚、數字多麼漂亮，終究只是陌生人的建議而已。

真正高明的業務，往往在對方說出需求之前，就已經先讓他感受到「這個人值得聽」。而這種信任感的建立是一種累積，是你在對方心中反覆被驗證後逐漸建立起來的感覺。這種可信賴的感覺，不需要聲明，也不靠保證，而是由一種名為「一致性」的東西默默構成。

心理學與品牌行為研究中早有明確說法：人們傾向信任那些行為穩定、訊息一致的人。這是一種基於經驗的風險評估。如果你今天說 A，明天說 B，顧客自然會對你的穩定性產生懷疑；但如果你一直在談同一種價值、持續關注同一類問題、經常出現在相關議題中，那麼即使你還沒有主動推

銷，對方也已經對你建立起一種認知：「這個人是這個領域的意見來源之一」。

行為一致所帶來的信任累積，有其科學依據。品牌行銷顧問道格．凱斯勒（Doug Kessler）曾指出：「信任是重複一致性的副產品。」在業務現場，這不只是對外形象的管理，更是對內容、語氣、角色的一種持續堅持。也就是說，你不是因為被包裝得像專家而被信任，而是因為你真的在持續做專家的事。

這正是許多優秀業務人員採取的「Give First」策略：先給出價值，再談合作。這種做法並不是單純將推銷流程的順序對調，而是根本改變了你在對方眼中的角色定位。當你在對話一開始，便主動站在「解方提供者」的位置，展現出你願意理解對方問題、提供具體協助的意圖，而非一味索求回報，對方反而更容易卸下心防，進一步產生開放而實質的對話意願。

創業導師布拉德．菲爾德（Brad Feld）曾指出，信任往往來自「你願意先給出什麼，而不是你想要什麼」——這種「先行付出」的姿態，不只是贏得認同的手段，更是一種對長期合作關係的預示。你不用強調自己值得被選擇，而是在用實際作為，證明自己能成為一個值得信賴的解決者。當你從「銷售者」轉為「協作者」，你與顧客之間的界線也就不再只是商業談判，而是共同面對問題的夥伴關係。

曾經有一位在 LinkedIn 擔任企業拓展顧問的朋友分享過他的經驗。他的客戶群是亞太區的人力資源部主管，多半對業務抱持高度防衛。他剛開始進入這個市場時，幾乎處處碰壁，對方一聽到是要談 LinkedIn 方案，就以「沒預算」、「現在不考慮」等理由打發他。後來他做了一個根本性的調整：他不再以推銷方案為主要任務，而是主動設計一份〈亞太企業人才流動報告〉，將平臺的匿名數據經整理後轉換成產業洞察報告，每兩週分享一次給先前接觸過但未成交的潛在客戶。

這份報告一開始只有五、六個對象願意開信，但隨著資料品質提高，內容聚焦人資痛點，他的開信率與回信率持續攀升。一年後，原本完全冷淡的幾位大型企業 HR 經理，不但主動聯絡，還要求安排方案簡報。這個轉變不是因為他多了什麼厲害的話術，而是因為他花了一年時間持續提供有用的資訊，讓對方在心中逐漸將他轉換成「可信的參考來源」。

在商務關係中，信任往往不是由你說了什麼決定的，而是對方怎麼「感受到」你為什麼這樣說。心理學的「歸因理論」（Attribution Theory）指出，當人們評估他人的可信度時，會高度關注其行為背後的動機意圖——是為了解決我的問題，還是只是想完成自己的任務？這種判斷是憑直覺形成的。你可能提供了最完整的解法，但只要對方感覺你的出發點是「成單優先」，那麼原本建立起的信任也會瞬間動搖。

這一點，在 B2B 銷售領域更顯敏感。企業採購者的信任門檻本就高，他們不只看你有什麼解法，更看你選擇什麼時候說、怎麼說。你是在他表達疑慮時誠懇回應，還是在還沒聽完問題就急著提出方案？這些細節，才是真正決定你是否值得長期合作的關鍵訊號。根據行銷與說服心理學研究，當對方認為你提出的建議是出於「關心解決方案是否合適」，而非「促成交易是否順利」，信任才會開始建立。但這種信任一旦出現破口，靠再多的話術都無法挽回。

信任建立需要時間，毀壞卻只需一個讓人感覺「被操弄」的瞬間。這也是為什麼愈來愈多企業銷售團隊將內容策略納入業務節奏設計中。他們不只是養成「能成交的說法」，而是打造「能信任的出現方式」。透過觀察市場動態、製作有用資源、定期與顧客分享無商業意圖的見解，讓自己不只是「推方案的人」，而是「提供前哨觀察的人」。當你成為一個能夠預告風險、點出趨勢、協助對方提早準備的人，那麼即使對方目前沒有需求，也會先把你放進「下次一定要聊聊」的清單裡。

當然，這種角色的建立不會自動發生，也不能倚賴某一次精采的發言，而是要靠日復一日的累積。很多業務會問：

「我可以怎麼做，讓對方把我當可信來源？」這個問題其實應該反過來問：「如果你是對方，你會怎麼判斷一個資訊來源值得信任？」

從顧客的角度來看，以下幾種行為模式最能幫助你提升「可信來源」的感知指數：

- 持續提供無償資訊，且資訊具可用性與準確度；
- 不做過度承諾，說出能做的事，對不能保證的部分給出邊界；
- 對於不適合的情境，也願意主動說「這件事我不建議你現在做」；
- 對顧客的內部條件有基本了解，能結合其現況提供可行建議。

這些行為看似只是細節，其實背後都傳遞了一種訊號：「我不是只為了成交而來，我是想幫你做出好選擇。」而這句話，說出來往往沒有用，要讓人從你的一舉一動中自己得出這個結論，才真正有效。

曾有一位醫療設備顧問與我分享他的轉型歷程。他早年習慣「直接進手術室推新產品」，覺得只要展示效能，醫師自然會採用。但後來他發現，醫師真正需要的，不只是資訊，而是有能力協助他們處理醫院採購流程的人。他開始改變做法：在會談前先研究醫院招標節奏、預算週期、競品狀況，進行三層資料整理後，再與對方會面。結果原本一年談不成一案的他，在一年內完成三項中大型採購合作。這是靠前期對顧客處境的深度掌握，以及讓對方感受到「你會讓我省時間、省力、省麻煩」。

我們可以這樣說：你真正的武器不是產品，而是你在對方心中所代表的角色。你是那種遇到問題會來問一聲的人，還是那種「最好不要打擾」的人？你是被歸類在「需要銷售推進」的那類人，還是被視為「可以幫我補盲點」的人？你說話的邏輯、出現的頻率、反應的節奏、提出的建議，都會決定你成為哪一種。

如果你願意讓自己成為一個可信賴的解方來源，那麼接下來你就不再需要急著成交。因為對方會開始主動找你，而不是等你來說服他。當你成為那種「即使沒下單，也想請教你」的人，成交反而變成信任的自然延伸，不再是壓迫式推進的結果。

在這樣的關係裡，你不再只是業務，而是顧問、參謀、策略夥伴；你提供的也不只是商品，而是一套讓對方更安心、更有掌握感的決策結構。這樣的角色，永遠不會被市場淘汰，也永遠值得對方信任交付。

3. 不只是人際關係，是心理安全感的累積

許多業務會這樣形容他們第一次與顧客開會的感覺:「明明氣氛還不錯，對方也沒有明確拒絕，但就是沒談成。」這種模糊的挫敗感常常來自於我們太關注「對方說了什麼」，卻忽略了「對方沒說什麼」。在銷售情境中，真正的危機不一定來自反對意見，而是來自那些沒有表達出來的心理顧慮。你以為一切順利，其實對方只是還沒找到安全的時機告訴你他的猶豫在哪裡。

顧客在做決策時，其實承受著不小的心理風險。他們擔心選錯方案、背後動機被誤會、或是在自己還沒釐清需求前就被貼上標籤。在這樣的情境下，他們往往傾向「看起來禮貌但其實防備」，因為這樣比較安全。若你的銷售互動只能停留在表層的好感，沒有辦法讓顧客感覺「可以放心表達真實想法」，那麼這段關係即使看起來親切，也不會真正推進。

哈佛商學院教授艾米．埃德蒙森（Amy Edmondson）在其心理的安全性（Psychological Safety）研究中提出一個關鍵發現：當團隊中缺乏讓人放心表達意見的氛圍時，成員會傾

向自我設限，不提問題、不發聲，進而壓抑整體的創造力與解決問題的能力。這種現象，不只出現在內部協作，也深刻影響外部互動的品質。銷售工作便是如此 —— 它是一種高度互動的對話行動，資訊的交換、觀點的探詢，都是雙方信任感的具體展現。

如果顧客在這樣的互動中感覺缺乏安全感，他可能不會選擇挑明他的顧慮，而是靜靜地保留最真實的疑問。表面上看似順暢的銷售流程，實則可能錯過了真正關鍵的問題點。因為對顧客來說，能否信任你、能否安心把「還沒想清楚的事」說出來，才決定他是否願意繼續投入這場對話。真正有價值的成交，往往來自你能否創造一種空間 —— 在那裡，顧客不需要裝懂、不需要維持防備，也不用擔心會被否定或標籤。

建立這樣的信任場域，要靠你如何對待對方的每一句話、每一個沉默、甚至每一次遲疑。你給他的感覺，會決定他說出多少；你讓他放心的程度，也會決定你能知道多少。

我曾經與一位保險顧問深入討論過他的轉折經驗。他說，早期在談產品時，他非常注重資料完整與說明清楚，認為這樣才能贏得信任。但是他發現，一些客戶當下看似點頭，事後卻不再回應。後來他開始改變做法。他不再急著進入產品內容，而是花更多時間讓客戶講話，而且不是針對需求，而是針對顧慮。當客戶提到「我家人說這種商品太複雜」時，他不再急著解釋，而是回應：「我理解你家人的想法，我太太一開始也有類似的疑慮。」這樣的說法不是立刻拆解反對，而是先建立「你不需要急著同意我，但你可以放心說出來」的關係框架。

這種微妙的互動策略，其實就是一種心理安全感的營造。不用讓對方喜歡你，而是讓對方不怕被你評價。當顧客發現，他可以跟你說真話，甚至可以說出「我不確定、我還沒想清楚、我有點不相信你」這些本來不敢說的話時，他才會真正開始信任你。因為信任是來自你容得下他有不一樣的想法。

建立心理安全感的關鍵在於結構與行為。許多業務會設計一套話語流程，希望透過「問對問題」引導顧客開口。但是如果顧客的心理地板不穩，即使你問得再漂亮，他也只會給出表面答案。真正有效的信任引導，反而來自那些讓對方感受到你有能力應對他不確定感的舉動。

在實務應用中，Adobe 的數位體驗部門（Adobe Experience Cloud）進行了銷售流程的制度轉型。該部門長期以來服務全球大型企業，負責行銷自動化與數據優化平臺的銷售。過去，他們的業務團隊以轉換率與成交額為核心 KPI，但逐步發現，這樣的激勵機制雖然短期有效，卻不利於與企業客戶建立長期合作。因為當業務太急於推進交易時，顧客反而會更謹慎，更不願意表達實際顧慮。團隊主管於是調整策略，將顧問團隊的績效評估方式改為綜合考量客戶滿意度、使用率與技術健康等指標。

這樣的制度設計讓每位業務顧問在與客戶互動時，最重要的任務不是推案，而是「讓客戶放心提出他真正在意的問題」。這類制度背後的核心其實很簡單：信任來自對顧慮的接納，而不是對成交的執著。當顧客開始相信你會幫他理清問題，而不是立刻推他作決定，他自然會開始願意把複雜的、不確定的、甚至難以啟齒的事說出來。而那，才是真正能改變對話進程的關鍵。

在銷售現場中，你不需要設計一整套制度，但你可以做幾件事，來幫助顧客進入心理安全的互動節奏。第一，主動揭露自己觀點的邊界，例如說：「這個方案不是每個人都適合，我們可以一起考慮它是否符合你目前所需。」第二，在顧客遲疑時給他空間，而不是馬上補充優勢。你可以說：「沒關係，我們不用今天做決定，我比較希望你是真的想清楚再採取下一步。」這種不急著推進的姿態，反而會讓對方願意留下來。第三，對顧客的語言反應出現情緒時，不急著解釋，而是反應他當下的感受：「我聽得出來你對這類產品有些猶豫，請問是過去有什麼經驗讓你有這樣的擔心嗎？」這類語句不會激化對話，反而讓顧客從「對抗」轉向「整理自己」。

我也聽過一位保險業務提到，他如何在一場幾乎要失敗的會談中，翻轉了顧客對他的觀感。那位顧客當時已經約過三次，卻每次都以各種理由推延決定。他本來打算用「時間緊迫」來做壓力推進，卻在面談現場臨時改變策略。他對顧客說：「我知道你現在還沒做決定是有原因的，我不會逼你，但我可以幫你把你目前在想的事情列出來，一起理清楚。你現在最大的擔心是保費、商品設計，還是承保條件？」這段話讓原本幾乎要結束的會談重新打開對話窗口。對方後來說：「你是第一個沒有逼我決定的人，所以我比較敢真的問清楚。」

這不是語言技巧，而是心理架構。顧客願意再多講一句，是因為他開始覺得你是「可以把話講完也不會被判斷」的人。也許不會馬上成交，但你會開始進入一段真正可以建立信任的對話節奏。

有些業務會問：「這樣不是容易失去成交時機嗎？」但是如果你仔細觀察，那些最穩定的高績效業務，其實不是贏在推進節奏快，而是贏在心理空間給得深。因為一旦顧客對你有了心理安全感，他會在下一次碰到類似需求時，第一個想到你。

這樣的業務角色轉換，不是要你變成心理師，也不是要你刻意「演出」同理，而是讓你理解：每一場銷售對話，其實都是一次心理安全的試煉。你是否能接住對方的困惑？你是否能放慢自己想推進的衝動？你是否能誠實面對那些可能導致不成交的事實，卻還是願意說出來？這些都是一種長期角色定位的選擇。

如果你願意在每一次互動中多做這幾件事，那麼你與顧客之間的關係，就不再只是「我有一個東西你要不要買」，而是「我們可以一起好好考慮需不需要」。而在這樣的情況下，顧客才會願意做出真正為自己著想的選擇，而不是為了回應你的推銷才點頭。

如果你做到這點，就可以比大多數業務走得更遠，也更穩。

三、成爲信任的橋梁：建立關係的底層邏輯

四、話語的力量：說服、表達與影響

1. 說服是引導對方自己想通

「這方案的資料你可以再寄我一次，但我現在還沒有打算……」他講話語氣不冷不熱，沒說不需要，也沒表現興趣，只是輕輕把你的推進壓了下來。你已經講了十五分鐘，自認為資料完整、舉例清楚，甚至連對方常見顧慮都預先拆解完了，卻仍然停在這種溫吞的、沒法推進的空氣裡。這一瞬間你大概也知道：對方的確都懂了，但還沒想清楚到底要不要。而說服，從來不是你講得有多好，而是對方什麼時候願意開始自己想。

行為科學家羅伯特·西奧迪尼（Robert Cialdini）在其經典著作《影響力》（*Influence*）中提出了六大說服原則：互惠、承諾與一致性、社會認同、喜好、權威與稀缺性。這六項原則揭示了人類在社會互動中做出判斷與回應時，往往依賴某些根深蒂固的心理傾向。其中，對銷售工作最具啟發性的三個核心概念，是互惠、權威與一致性。它們並非外在操作技巧，而是一種讓訊息自動被接受的心理條件。

「互惠」源自人際間的交換預期。我們傾向回應那些先為我們考慮過、先付出行動的人。這也是為什麼一份提前提供的市場分析報告，往往比單刀直入的產品簡介更能打開對話空間。對方不一定馬上被內容說服，但他會因為你的主動而願意聽下去。

「權威」則強調說話者的可信地位。當你不再只是站在「產品提供者」的角度講話，而是引述產業研究、趨勢數據或第三方觀察，你的話更可能被視為專業參考，而非推銷詞彙。人們對來自穩定語氣與明確知識結構的資訊，有更高的接納傾向，這是說服力真正的起點。

「一致性」則觸及人們內在的行為連續性需求。我們往往會希望自己的選擇與過去的立場一致。當顧客自己先認同「永續能源很重要」，後續的產品推薦只要延續這項認知，他就不會覺得這是別人說服他，而是他自己在完成一個合理延續的決定。

這三項原則之所以能在銷售情境中發揮作用，並非因為人容易被操弄，而是因為人類在面對資訊爆炸與決策壓力時，會傾向使用「啟發式」(heuristics)來快速分類與反應。這是一種簡化的處理策略，讓我們能在幾秒鐘內依據直覺與經驗，對一個人、一段話、甚至一種情境做出初步評價。語氣、姿態、資訊結構，這些表面細節其實是潛意識中作出「信或不信」判斷的依據。

這個系統運作的關鍵不在資訊多寡，而在於「感知線索」。你講話的語氣、開場的用詞、舉例的方式，甚至是你進門時的穿著與表情，都會在對方心中自動被分類成「可以信」或「要小心」。而這樣的印象，常常不是在你講完之後才產生，而是在你開口之前就已經開始成形。

心理學家將這種現象稱為「薄片擷取」(thin slicing)：人們在極短時間內，憑著極少的資訊，就能形成一套穩定的印象判斷。這也是為什麼，第一印象如此難以扭轉。因為我們的大腦本能地會將所有可感知的訊號 —— 語調、肢體語言、語句結構 —— 納入一個快速的風險評估系統，用以判斷對方的可信度、動機與潛在威脅。

所以，真正影響對方是否願意繼續聽你說下去的，從來不只是你說了什麼，而是他在你說出口之前，已經感覺到什麼。

特斯拉 (Tesla) 在推動太陽能產品的早期，選擇了一條與傳統銷售不同的路。當時，多數潛在客戶對太陽能系統的印象仍停留在「流程複雜、投資回收太慢、安裝困難」等模糊印象中，這些顧慮常讓對話停滯在含糊的觀望中。但是特斯拉沒有一味說服，而是從使用者體驗出發，重新設計了整體互動流程。

他們在網站上設計了一個簡單的三步試算工具，使用者只需輸入住址、月用電量與屋頂類型，就能即時看到安裝系統後的潛在節省金額與回收年限。這個入口沒有任何推銷語言，只有一組可供試探的問題。而當試算完成後，特斯拉會安排顧問進行後續聯繫，詢問對方是否希望進一步評估，並提供現場模擬與細部建議。從頭到尾，顧客都清楚地感覺到：這是一個自己可以主導的節奏，不是被牽著走的流程。

特斯拉在語言與流程設計上展現出一種策略直覺——不是急著導向決策，而是先讓顧客接近答案。他們讓顧客自己定義資訊進程的節奏，也因此降低了典型的抗拒反應。這樣的設計背後，其實體現了說服心理學中一個深層邏輯：人們對來自自身選擇的決策，總是抱持更高的信任與接受度。

真正有效的推進，不是讓對方聽你怎麼說，而是讓他願意再問一個問題。特斯拉的這套節奏，便是圍繞這個原則在運作。

在神經行銷領域，克里斯托夫．莫林（Christophe Morin）提出一個極具穿透力的觀點：真正有效的說服，不是來自你提供了多少資訊，而是你如何觸發對方大腦中那個負責「生存判斷」的系統。他與研究夥伴共同提出了「三腦影響力模型」，指出人類的決策運作其實是三個層級的大腦結構同時作用的結果——本能腦掌管即時反應與安全判斷、邊緣系統處理情緒、而理性腦則負責整理與論證。

然而，大多數時候，理性腦並不主導第一反應。當人們面對選擇，特別是帶有風險與不確定性的選擇時，大腦會先問的不是「這個合理嗎」，而是「這個安全嗎」。也就是說，你傳遞的內容是否具備視覺化、情緒性、簡單結構與明確焦點，往往比資訊完整性更能決定對方是否願意留下來聽你說完。

莫林提出的一個設計原則是：說服訊息若要有效，必須用感官包裹、用節奏疏導、用圖像建構、用情緒連結。他強調，那些能降低威脅感、提高心理親和力的訊息格式，更容易穿越對方的防備層，進入真正會影響決策的神經通道。

這也是為什麼有些人即使說得內容扎實，卻難以打動對方；而有些人話不多，但語氣穩定、句式簡潔、例子鮮明，就能讓人自然信任。因為說服不只是傳達邏輯，更是設計一種「讓人想聽、願意聽、留得下來聽」的心理空間。而這個空間的創造，源自於你對於「安全感」的精準安排。

很多人以為，說服是靠條理與論證，其實更關鍵的是你如何用語氣、舉例、節奏與反應方式，讓對方在整段互動中不斷感覺：「我知道我在做什麼，而且我沒有被操控」。這種心理狀態一旦建立，說服就不是說出來的，而是被對方自己說服自己的。

實務上，若想建立這樣的互動場域，可以從幾個面向著手：

- 開場時先提出「可選擇性」的參與方式，例如：「我這邊有一份資料，您看看是否願意我們一起簡單拆解一下。」
- 在中段不做推論，而是反問對方對某段資訊的直覺感受：「你覺得這份數據對你們來說代表什麼？」這會讓對方開始主動思考與連結。
- 在結尾不下結論，而是拋出觀察與開放問題：「我不確定這是否合適，但我有觀察到……你覺得呢？」

這些話語看似柔軟，卻都在進行一件事：讓說服不再是輸出，而是生成。你並非在灌輸他資訊，而是設計了一個讓對方能生成決定的思考場。

而最終你會發現，真正成功的說服對話，聽起來其實很像對方自己在說話。你只是在他思考的縫隙裡，放了一個小句子、一個問題、一個場景，然後安靜地等他自己把那句「我想一想……嗯，的確是」說出口。這句話事實上是你設計出來的。

2. 不能只有你說得順，要讓顧客真的聽進去

你說話的時候，對方真的有聽進去嗎？這是一個非常實際的問題。因為在許多業務對話中，讓人無法成交的原因，不是你講得不夠專業，而是對方腦子裡根本沒空接收你講的內容。他可能正在煩惱一封待處理的 email，也可能剛在辦公室和主管起了爭執，又或者只是你話說太快、太密，讓他來不及跟上。這些都不會在你精心準備的簡報中出現，卻會直接決定他最後的反應。

人腦並不是一臺可以無限接收資訊的儲存器，它有清晰的處理極限。澳洲心理學家約翰．斯威勒（John Sweller）在其「認知負荷理論」（Cognitive Load Theory）中指出，人類在理解與記憶資訊時，會受到「工作記憶」（working memory）容量的限制。這項限制意味著，當資訊同時進入得太多、太雜，即使每一項內容本身都正確，也可能因為無法有效整合，而變成一團雜訊。

工作記憶不像長期記憶那樣穩定，它只能短暫保留有限的訊息，平均約四到七個單位。這也解釋了為什麼在資訊輸入過程中，對方可能只記住你開頭的第一句和結尾的最後一

句，而中間的內容卻被大腦直接略過。這種現象被心理學稱為「序列位置效應」(Serial position effect)，是一種人類記憶處理的基本偏好。

更關鍵的是，就算你提供的每一句話都無誤，如果訊息排列缺乏清晰的結構邏輯，聽者仍可能無法形成理解。他的感受不會是「這些說法錯了」，而是「我不知道你在說什麼」。在認知負荷理論中，這種由表達混亂所造成的理解障礙，被稱為「外在負荷」(extraneous load)——不是訊息本身太難，而是呈現方式干擾了吸收。

換句話說，真正能讓人聽進去的，不只是內容正確，而是你能不能照顧好對方的認知空間。這不只是簡報設計的問題，更是說服邏輯的基本門檻。

這是許多業務在做產品說明時常會遇到的困境。明明照著流程解說，資訊正確、細節齊全，卻發現對方愈聽愈冷淡，甚至提問也變得敷衍。問題不在內容，而在於那段說明的「語言形式」無法被對方的認知結構有效接收。

解決這個問題的關鍵是「分層」。真正能讓人聽進去的話語，往往具備三種語言層級的交錯運用：

第一種是「資訊語言」——事實、數字、規格、流程。這是大多數業務預設的溝通方式，也是客戶第一層期望。但它是最容易產生負荷的，因為它需要持續記憶與理解轉換，不能單獨使用太久。

第二種是「理解語言」—— 比喻、類比、故事化重組。這一層幫助對方在短時間內從複雜資料中「抓住大方向」，例如把 API 整合比喻為「蓋房子時各工班要協調施工圖」，或把投保流程說成「像是幫未來先畫好一張地圖」。這類比喻讓對方不再只記得名詞，而記得關係與畫面。

第三種是「情緒語言」—— 包含了語氣、語速、共感表達。這種語言不是傳遞資訊，而是傳遞訊號。它讓對方知道你在「跟他說話」，而不是「向他講解」。當你在說明時說：「我知道這邊有點複雜，但我們可以先不管這些條款，直接看你現在最在意的部分是什麼」，這句話傳遞的不是資訊，而是空間。這類語言讓對方感覺自己有選擇、有節奏、有安全感，能掌控這段對話。

在 SaaS 領域的業務訓練中，Adobe 曾針對其數位體驗產品開發一套「價值轉譯模組」，目的不在於強化技術敘述，而是幫助顧問學會如何把複雜的系統架構，說成一個對客戶有感的「解決方案故事」。

他們發現，當顧問以模組化簡報介紹自家系統的 AI 預測模型、資料視覺化引擎與整合流程時，許多潛在客戶雖然不時點頭，實際上並未真正理解。這種表面的附和，往往只是出於「這聽起來好像很專業」的社交反應，而非內化的認同。也因此，簡報結束後的對話，常常陷入停滯。

而當說話方式從「功能陳述」轉為「情境描述」，整體互動就開始產生變化。與其強調 AI 可以預測什麼、整合了什麼，不如描繪一個更貼近使用情境的畫面：這套系統會怎麼主動提醒你注意異常數據？會怎麼自動幫你收斂資訊、濾出重點？這些不是去掉技術細節，而是重新排序說話的重心 —— 從傳遞資訊，轉為創造理解。

Adobe 在銷售訓練中強調一個原則：先別急著證明你的系統多強，最重要的是要讓對方看見「對他來說，這套東西可以解決什麼」。技術仍在，只是角色從說明者，變成引導者。這也是現代 B2B 對話裡，最被低估的溝通能力 —— 不是你會講多少，而是你能不能用對的方式，讓對方真的聽得懂。

一位受過該訓練的資深業務後來分享：「我們不再花力氣教客戶功能，而是說一個『你會怎麼用』的畫面。這個畫面對方一旦有了，功能自然變得有意義。」

這種語言層級的交錯運用，也非常適合用於處理資訊焦慮型客戶。尤其是在面對長輩客群、第一次接觸產品的消費者時，常常會出現「你講得再清楚，他還是不敢答應」的情況。一位保險顧問曾在顧問訓練課程中分享，他如何把商品說明變成一本繪本。這本繪本不標示產品名稱，也沒有密密麻麻的數據表，而是用一則日常故事 —— 一對夫妻在一次生病經驗中如何分擔費用、如何處理住院後的流程 —— 來帶出「這項保障實際上出現在哪些時刻」。故事講完，長輩的第一反應是：「喔這個我遇過」、「那如果是我怎麼辦？」這些回應代表你創造了他願意想像自己的空間。

這種故事敘述的本質，是為了讓對方能夠將陌生訊息轉換成熟悉畫面。真正讓資訊進入記憶的不是邏輯，而是參與感。

想讓對方聽進去，你需要注意的不只是你講了什麼，而是講到哪裡就該停一下。停一下，是留給對方消化的節奏。你需要觀察他眼神的變化、身體的微調、是否有重複提問，甚至是他是否開始主動補充自己的觀點。這些都是「他正在進入內容」的證據。如果你看到這些徵兆，你就該把內容放慢，而不是趁勝追擊。

這也是為什麼許多高績效業務並不是「講很多」的人，而是那些「說話有分段、有留白、讓人感覺舒服」的人。他們不一定說得最完整，但往往能讓對方記得他說了什麼，而且願意再約下一次。

這樣的說話創造了一種穩定的節奏。你說一段，他接一段；你丟出一個畫面，他補上一個經驗。當對話可以這樣來回進行時，他就不再只是聽者，更是參與者。而參與者的資訊接收率，永遠遠高於被動聽者。

你會發現，真正有效的說服不是單向輸出，而是你給對方一個他願意跟上、甚至開始對自己說話的節奏。

3. 情境感的說話法，讓你不被當成「業務」

「我之後再想想。」這句話，在業務耳中常常像一道軟釘子，但你若細聽，會發現那其實並不是拒絕，而是一種防備。很多時候，顧客仍處於防備與觀望之間，是因為還沒進入那個可以安心談選擇的語境。如果你總是被當成「業務」，不是因為你講錯話，而是你出現的語境讓人自動啟動了「這個人在推銷東西」的心理狀態。

說話從來不只是內容，還包含你是誰、你在什麼時間說、對方當下的角色是什麼、這句話被放在哪個情境裡。語言學中的「語用學」（Pragmatics）強調：語言的理解並非只看字面意義，而是要放在整體脈絡下判斷。當你說「我們可以談談合作」，這句話在會議室中、在晚餐中、在公共論壇中，對方的理解與反應會完全不同。

這就是為什麼在銷售現場，即使內容相同，不同的說話方式與情境設計，會產生截然不同的信任密度。當顧客一旦覺得你正在「銷售」，他會把你放進「要保留距離」的分類；而當他感覺你只是在一起討論事情、梳理選項，他反而會更主動提出自己真正的需求。

要讓顧客進入這樣的對話節奏，你需要的是「情境感的話語設計」。這不能單靠調整語言達成，要從整段互動的節奏、角色設定、場景氛圍與語氣布局一併考量。最核心的原則是：讓對方感覺自己仍是主導者，你只是那個讓問題變得更清楚、選項變得可見的人。

在與創作者洽談原創內容時，Netflix 一直面臨的核心挑戰，是如何建立一種「可以長期合作」的關係結構。對 Netflix 來說，一部作品的完成不該只是一次性交易，而是一段創意對話的開始。

因此，他們在洽談初期，並不急著談預算數字、製作天數或交付條件。反而更在意的是：你這次最想說什麼故事？你心中理想的主角是誰？你覺得這段時間市場最缺的，是哪一種聲音？這些問題看似隨意聊天，卻是刻意打開「共創畫面」的入口。因為 Netflix 明白，一旦從一開始就落入製作規格與權責的技術討論，對話就會變成一種協商，而不是探索。

在談價格之前，應該先理解「價格的討論點如果錯置，就會破壞信任節奏」。他們知道，創作者在意的，不只是是否被支付合理報酬，而是是否被理解、被對待為創作的主體。只有先建立這個「我們可以一起完成一件作品」的情境連結，後續所有關於時間、人力、資源的協調，才會被視為

「一起解決問題」，而不是「彼此爭取資源」。

這樣的對話方式，背後其實蘊含一套高效話語節奏。第一步，是讓對方進入場景——建立一個共享的敘事空間；接著，提出問題——引導對方說出關注點與需求感；第三步，留白——讓對方自行浮現他真正在意但未說出口的部分;最後，才是提出你這邊的可行解法——不帶推銷感地，讓你的解決辦法落在對方的需求上，而不是你自己的產品結構上。

這是一種談話主導權的重新分配。當對方能在對話中慢慢看見自己的位置，他就會更願意相信，這場合作，是站在他那一邊的。

場景鋪陳不是敘述產品功能，而是讓對方感受到「這個問題在他世界裡的樣子」。比方說，一位資深 SaaS 顧問在介紹企業內部溝通平臺時，不會從介面講起，而是會問對方：「你們每週開會完之後，決定的事情會留在哪邊？隔週的行動是靠人記，還是有明確流動路徑？」這種問題的本質不是想知道答案，而是引導對方進入問題畫面。

當對方說出：「其實我們就是一下 Slack、一下 email，有時候會搞混」時，這就是他自己在承認「這確實是一個痛點」。這時候你的角色就不再是「提案者」，而是「協助他說清楚的人」。等到需求浮現，你只需要說：「我們有個功能就是針對這類情境，會自動建立任務版、標記會議摘要，你們有興趣可以試一下。」這句話聽起來不推銷，卻極具轉換力，因為他早就決定自己需要什麼，你只是剛好有而已。

在設計語境的實務應用上，日本無印良品（MUJI）針對高齡者社區的空間規劃，提供了一種極具啟發性的溝通方式。自 2012 年起，MUJI 與日本都市再生機構（Urban Renaissance Agency, UR）合作，於全國多處老齡化社區推動住宅改造計畫，設立以生活動線為主軸的體驗展示區。他們所關注的，不單只是展示產品，而是思考：怎樣的場景能讓人理解設計背後的用意。

這些展示空間並非傳統的陳列場。參觀者進入的，是一個實際可走動、可坐臥、可操作的「模擬房間」—— 收納、燈光、家具都已被整合成完整的生活情境。這種空間的安排，讓年長者能自然地以自己的節奏體驗設計，而非被動接收資訊。

現場沒有解說員，也不見標價牌。參觀者在自由移動的過程中，或許會被某個櫃子的高度吸引，或在某個轉角發現燈光的投射方向與生活習慣高度吻合。產品的特點就藏在這些日常微細的互動裡，而理解，是在過程中慢慢發生的。

MUJI 在這些設計裡，並未壓抑商業目的，而是將焦點放在讓人產生感受與連結。信任並非來自說明得多完整，而是來自對方在體驗過程中形成「這東西真的符合我的需求」的瞬間。這不是簡報能做到的，是生活節奏與情境設計共同創造出的內在認可。

語言不一定來自口語。動線安排、光源位置、開關的力道、材質的手感——這些細節也在說話。當顧客能在空間中自然地移動與停留，他對產品的理解與接納，也悄悄在進行。銷售對話並未消失，只是換了一種形式，更接近日常、更接近真實使用情境中會發生的選擇邏輯。

這樣的語言策略同樣適用於面對難以建立信任的客戶群。像在某場建設公司 B2B 簡報中，一位顧問在解釋新開發的智慧工地平臺時，選擇從「工程現場管理人每天需要同時關注幾個群組、記住哪些進度」這個角度開始。他甚至現場畫出了一張紙本流程圖，問：「你們的現場是不是也像這樣？」對方主管點頭之後，他才說：「我們其實是讓這張圖可以變成動態的，每天自己更新。」

這類對話不只改變了語氣，更改變了權力關係。你建立了一種共構的關係，而語言就是場域設計工具。

在這樣的語境裡，成交不是被爭取來的，而是發生在一場清楚的共同建構後；對方也不是因為被說服而決定，而是因為自己在話語中產生了參與感。語言的情境感，就是讓價值被準確感知到。

最後，我們該重新理解業務語言的本質。那不是說得清楚、講得漂亮、說得多，而是設計一個能讓人把需求說出來、能讓方案自然浮現的節奏空間。

真正的銷售對話不是「讓對方接受你說的」，而是「讓對方透過你說的，開始說自己的」。

五、精準規劃：目標、時間與節奏

1. 有效的目標要能每天推動你行動

有個習慣設定年度目標的業務，在年初寫下「今年要突破百萬業績」，然後每天照舊開早會、回報表、跑客戶。到了第一季末，他仍然忙得不可開交，但跟去年沒什麼兩樣。當主管問他：「你那個百萬業績的目標有開始推進嗎？」他才發現，除了年初寫下那個數字，他並沒有對這個目標做過任何轉譯，也沒設計出具體的推進結構。那個目標就像一張貼在牆上的標語，看起來有氣勢，卻無法動員任何具體行動。

這種現象在銷售工作中極為常見。每年年初，團隊會寫下營收目標、個人成長目標，甚至某些人會許下突破自我、學習新領域、達成某個大客戶案的願望。但當你仔細問他：「這個目標，你打算怎麼每天推進？」答案往往是空的。人們常常把「我知道我要做什麼」誤認為「我知道該怎麼做」，而這兩者之間隔著一道巨大的執行落差。

在設定目標這件事上，心理學研究早已指出，有些目標能推動行動，有些則只是徒具形式。行為心理學家埃德溫·洛克（Edwin Locke）與蓋瑞·萊瑟姆（Gary Latham）所提出的「目標設定理論」(Goal Setting Theory)，便提供了一套具體、可實踐的架構。他們指出，真正能夠促進行動與持續努力的目標，往往具備五項關鍵條件。

第一，是明確性 (Clarity)。若目標太模糊，如「我要變得更好」、「我要更努力」，在執行上容易無從著手。只有當目標清楚到能被衡量、拆解與對應資源時，它才有轉化為行動的可能性。

第二，是挑戰性 (Challenge)。人們對毫無難度的任務提不起勁，但難度過高又容易導致逃避。有效的目標設定，需要處於一種剛好超出舒適圈、但仍具可達成可能性的範圍內，讓人願意投入，也有機會獲得成就感。

第三，是承諾 (Commitment)。所謂承諾，並不只是自己默默立下決心而已，更包含對目標的認同、外部的共同約定，以及日常的自我監督。如果目標能被公開說出來，讓夥伴參與，甚至建立週期性的檢視機制，那麼實踐的動能會大幅提高。

第四，是回饋 (Feedback)。缺乏回饋的目標，往往難以持續，也無法調整路線。適當的回饋可以幫助執行者釐清進度、修正策略，無論是每週檢討表、任務回顧，或簡單的指標追蹤，都是推進過程中不可或缺的設計。

第五，是複雜性控制 (Task Complexity)。當一個目標涵蓋過多步驟、過深知識或過廣領域時，若無適當的切分設計，容易導致拖延與挫折。愈是複雜的任務，前期就愈需要清理雜訊，從最簡單的一步開始累積，才有可能逐步搭建出完整的執行結構。

這五項條件看似明確，但在實務中，往往卡在「目標有了，但缺乏日常節奏支撐」。一位資深的醫療產業銷售顧問曾分享他的做法：面對公司給定的月營收目標，他不急著衝數字，而是將月目標拆解為每週三場轉換性會談，每天六次接觸行動（拜訪、通話、開發），再搭配週五下午固定的「策略檢討時間」，用來回顧本週表現與下週計畫。

這種推進方式，就像長跑選手根據既定的水站節奏分配體力。不是一味衝刺，而是根據每一段距離規劃自己的呼吸與步伐。當這樣的節奏穩定運作時，即便情緒有起伏，對整體的影響也被降低。因為關鍵不在情緒能不能一直高昂，而在於行動軌道是否足夠清晰與持續。

這，就是從理論走向實踐的關鍵差異 —— 不是多會定目標，而是能否為那個目標，安排一條走得下去的路。

另一位案例是一名剛進保險業的新人，為了克服「自己是不是做得到」的懷疑，在前期設定了一個實驗性計畫：連續 30 天，每天主動接觸 1 組陌生客戶。他不設成單壓力，也不設定銷售目標，只做一件事：每天要有一次具體接觸與紀錄，包含談話內容、對方反應與自己的反思。30 天結束後，他並沒有快速轉換成績單，但寫下了超過 6,000 字的行動紀錄與思考筆記。他回顧這段經驗時說：「我最大的改變不是變得比較會講話，而是我開始知道，原來這行可以這樣推進 —— 一點一點，一次一組，慢慢打開。」

這種做法沒有奇蹟，卻非常有力量。因為它讓一個「我要成為業務高手」這樣龐大而抽象的目標，變成一段段可追蹤、可感受的節奏流程。這也是為什麼我們必須在設定目標時，同時設計一套「日常推進公式」，讓它不只是一句願望，而是變成你每天身體會動的行動觸發點。

這套公式可以簡化為：「1 大目標＋ 3 小任務＋ 1 自我檢查」：

- 1 大目標：設定一個具有方向性的中長期標的（例如：三個月內完成 15 位潛在客戶的信任建立）。
- 3 小任務：根據目標設計出每日／每週必做的三個推進行動（例如：每日聯繫 1 人、每週開發 1 組潛在推薦、每週自製一份回顧清單）。
- 1 自我檢查：每天或每週設一個簡單問題讓自己回答，例如：「今天的行動有往目標靠近嗎？」、「哪一件事最干擾了我的節奏？」

這個架構的關鍵，不在於它多精密，而在於它讓你「每天知道下一步是什麼」。當你有下一步，你就不會一直在想：「我還沒做到」，你會開始想：「我今天做到哪裡了？」這種心態的切換，正是目標落實的第一步。

我們往往高估了目標寫下時的決心，但低估了落實它時的流動性。好的目標不是立定之後不變，而是設定之後開始互動。它會因為你開始做而不斷修正、細化、甚至重組。而這些互動過程，才是你與目標真正建立關係的時刻。

如果你發現自己總是寫下一堆目標，卻在每週進度表上看不到任何對應，那就代表：你不是沒努力，而是少了「讓目標開始變動」的節奏設計。從今天起，不妨重新設計你的目標推進方式。讓它不只是你知道要做什麼，而是你每天都知道「該往哪裡走、要做什麼」，然後在晚上能告訴自己：「今天我做到了，明天可以再走一步。」

目標真正發揮作用的時候，不是你盯著它看，而是當你每天往前挪一點點時，它自然會開始靠近你。

2. 管理時間，不如管理能量與節奏

時間總是被視為稀缺資源，所以多數人在談效率時，第一反應就是：「我該怎麼安排時間表？」但在真正高效的業務者眼中，時間其實只是框架，而真正決定你能做多少、做得多好、能不能穩定持續的，是你在不同時間點擁有多少能量。當你明明有時間，卻無力應對；當你把事情排滿，卻一天下來產出感不高 —— 這些問題的根源，不是管理不好行程，而是你沒掌握自己的能量節奏。

真正的高效表現，往往並不取決於你如何分配時間，而是來自你如何管理自己的能量。行為心理學顧問東尼 · 施瓦茲（Tony Schwartz）在其著作《全力以赴的力量》（*The Power of Full Engagement*）中，提出了一個極具實用性的觀點：若要在現代高壓的工作節奏中維持持續推進力，關鍵不在於時間安排的密度，而在於能量調度的質量。

施瓦茲與共同作者吉姆 · 洛爾（Jim Loehr）提出一套「四層能量模型」，將人類的表現能量分為四類來源：身體能量（Physical）、情緒能量（Emotional）、認知能量（Mental）與價值能量（Spiritual）。每一層能量都對個體的專注度、執行力與決策品質產生深遠影響，而這四者之間彼此牽引、相互影響。

身體能量是最底層的支持系統，與你的睡眠品質、飲食規律、運動頻率與休息節奏直接相關。這些看似生活瑣事，實則影響你能否在一天中維持穩定的專注強度與身心續航力。一位業務如果習慣性地把關鍵簡報排在午後低能時段，可能並未注意到這樣的安排正在削弱自己的輸出表現。調整行動任務與身體節奏的對應關係，有時比精密規劃行程更能提升成果品質。

情緒能量則來自你對工作經驗的內部感受。當你陷入焦慮、拖延或挫敗時，這些情緒會明顯消耗行動意願；而當你完成一項具有推進感的任務時，那份掌控感與「小勝利」所帶來的滿足，則會提升你的心理韌性與後續動力。許多高績效業務者會刻意安排上午先完成一件能帶來成就感的任務，不只是為了做事，而是為了啟動整天的情緒動能。

第三層是認知能量，涉及你是否處於資訊可控與注意力集中的狀態。當一個人同時處理過多訊息、在腦中並行過多任務時，會出現典型的「認知負荷」現象——難以聚焦、難以下決定、也難以有邏輯地回應他人。許多優秀的時間設計者會將高思維密度的工作集中於不易受干擾的時間段，並刻意與雜務切分，保留腦力空間給真正需要創造與判斷的任務。

最後是價值能量，來自你是否認同這件事對你而言具有意義。若你只是為了交一份報告而寫簡報，很容易流於應付；但當你意識到這份簡報可能幫助對方團隊節省討論時間、促進關鍵決策時，你會開始投入更多心力與洞察力。這層動能並非來自強迫，而來自價值共鳴。這也是為什麼許多頂尖業務在面對重要任務前，會先自問：「我做這件事，是在服務什麼目的？」這個問題的答案，會決定你投入的深度與持續力。

當一個人能夠從這四個面向有意識地經營自己的能量來源，表現就不再只依賴意志力或短期衝刺，而是建立在一套穩定且有機的資源循環上。真正持久的高效，是來自這種節奏背後的能量配置智慧。

一位知名企業銷售顧問在受訪時談到，他如何設計自己的週行程。週一上午是唯一不開會的時段，他會用來整理專案與製作內部資料簡報；週二與週四是面對外部客戶的集中拜訪日，專門處理高互動密度任務；週三保留作為內部對焦與跨部門協作；週五則安排在家作業日，做流程調整與策略回顧。他表示：「我不是每天都要見人，而是把對話安排在我最有餘裕的時候。」這樣的做法看似簡單，實際上卻是高度精準的能量調度設計。

另一位頂尖業務則長期使用自製的「能量追蹤表」，記錄自己在一天內每兩小時的狀態：專注度、情緒穩定度、任務推進感。他發現自己在下午三點到五點之間最容易分心、產出也最低，因此將那段時段改為電話回覆與資料回顧，不再安排關鍵提案。這樣的設計，讓他能將最關鍵的任務對應到最有能量的時段，大幅提升成功率與回饋感。

這些案例的共通點，不在於他們有多自律，而在於他們知道如何「分配不同型態的任務給對應能量的時段」。這樣的安排其實比所謂的「時間表」更靈活也更有韌性。當你的日子是照著能量節奏走，而不是被時間壓著跑時，你會更有餘裕，也更能在高壓環境中穩定輸出。

如果你想讓自己的行程設計更有節奏，可以嘗試以下幾項調整方式：

首先，把自己一週的所有任務分類為高能耗與低能耗。高能耗任務例如策略簡報、陌生開發、內部協商；低能耗任務如回報、資料處理、例行溝通。將高能耗任務集中安排在自己精力最好的時段，低能耗任務則填補非高峰期。

其次，建立「專注區塊」—— 每天預留至少一個 90 分鐘不被打擾的時間，專門處理認知密度高的任務。這段時間需要關閉社群、電話靜音，專注只做一件事。這個設計不是為了追求沉浸，而是避免工作碎片化帶來的效率耗損。

再來是「回收節奏」的安排。很多業務排了一整天的會，到了晚上筋疲力盡，反而沒有時間整理與內化當日的對話與進度。事實上，將一週中某個下午保留為節奏回收時間，用來整合會議筆記、追蹤進度、清空信件與待辦，是讓你真正能掌控任務結構的關鍵。

而這一切的根本，其實就是意識到：你不是要把時間塞滿，而是讓每個任務出現在你最適合處理它的時候。時間表只是形式，而節奏才是能否穩定前行的基礎。當你的任務設計與能量節奏吻合，你不需要花額外意志力去硬撐，而是身體、情緒、認知與目標自然同步運作。

這也解釋了為什麼一些業務看起來工作不緊湊，卻總是如期完成、轉換率高。因為他們不是一直努力，而是努力的時候都在對的狀態裡。這樣的穩定輸出比拚命更可靠，也更持久。

最後，不妨問自己一個問題：你現在的行程設計，是依照「任務需要什麼時間」來排？還是「我什麼時候最適合處理這個任務」來排？這兩者的差距，會在你每週的能量狀態與成果品質上展現出來。試著從今天開始，讓行程貼近你的節奏，而不是你去追時間的格式。你會發現，效率不是跑得快，而是跑起來不費力。

3. 會做計畫的人，知道什麼該捨棄

計畫的價值，不在它被寫得多細，而在於它能不能幫你排除不該繼續做的事。許多業務擬定完目標後，會列出一長串行動清單、客戶名單與可能的推進方式，卻極少有人問自己：「這裡面有沒有哪幾件事，其實不該再繼續投入？」

有時你忙了一整週，回頭一看那些任務清單，完成度雖高，卻發現大多是些回報、聯絡、追蹤、跟進——裡面真正推動營收或長期信任建立的內容很少。這是因為你的資源分配裡藏著一個漏洞：你把時間放在了「可能有用」，卻其實已經證明無效的對象上。

管理學之父彼得·杜拉克（Peter Drucker）曾提出一項對組織極具前瞻性的概念：策略性放棄（Strategic Abandonment）。他認為，成熟的組織若要維持持續性的成長，不僅需要持續創新與投入，更應具備一種自我剝離的能力——定期盤點哪些資源、產品或流程早已不再產生實質價值，卻仍持續消耗人力與預算。

這種檢視的重點，不在於提升執行效率，而在於重新配置資源的方向。杜拉克強調，有效的策略，來自對機會與集中力的選擇，而非對所有可能性一視同仁的延伸。當一個組織將有限的管理關注與行動能量，投注於未來性與創造性的業務上，才有可能突破當前的結構慣性。

他在著作中提出過一個知名提問：「「試著假設這件事現在尚未存在 —— 如果我們今天面對這個選項，還會選擇啟動它嗎？」這個問題並不容易回答，卻是策略思考的起點。因為它迫使組織放下慣性，重新衡量那些「已經不適合現在，但還持續存在」的活動。這些活動也許有過價值，也許曾是主力項目，但若它們不再對未來有支撐作用，就需要被調整、縮編，甚至結束。

許多企業在策略思維上傾向於聚焦「還能多做什麼」，但杜拉克提醒我們，資源的真正轉化來自「選擇什麼不再繼續」。主動放棄未來效益趨近於零的活動，不是保守，而是一種聚焦。它讓組織從不必要的維持與妥協中抽身，將人力、時間與管理意識釋出給更值得投注的方向。

在資源有限的環境下，策略思考的品質，往往體現在「能否果斷停止」而非「能否積極擴張」。真正成熟的決策者，不僅知道什麼值得推進，也清楚哪些該及時退出。

應用在銷售上，最大的資源往往就是時間與注意力。當你每天面對一長串潛在客戶名單，每位看起來都有一點可能性、有一點意願、也許未來會有機會時，你就容易陷入「多線接觸」的陷阱。每個人你都想維繫一點、跟進一下，但最終會發現，大多數名單只是消耗，真正有轉換可能的只有其中少數幾位。

在商業實務中，有效地管理潛在客戶名單，不只是對轉化效率的追求，更是一種資源分配的策略選擇。Oracle 的 CRM 系統，特別是在 Oracle Eloqua 等行銷自動化模組中，便設計了評分機制來支援這類決策。企業用戶可以根據潛在客戶的互動次數、開信率、回覆品質與內部行為評分等指標，自行設定分級邏輯。一旦某客戶的活動頻率與回應表現低於指定門檻，系統就能自動調整其等級，將其從主追蹤清單中轉移出來，標記為低優先等級。

這並不意味著放棄，而是一種更合理的選擇排序。對於需要處理大量名單與有限業務時間的組織而言，這種設計不只是提高效率，更是讓團隊將時間與精力集中於真正值得經營的客群。它幫助決策者從日常操作中「釋放不再具有投入價值的對象」，從而將資源回流到最具轉化可能的區塊上。

許多資深業務即便不依賴自動化系統，也會主動設計出類似流程。他們每一季會重新盤點過去六十天內的所有聯絡紀錄，並依據互動狀態與回應品質，將客戶分為三類：穩定互動、具潛力、與反應低落。對於最後一類，他們不會繼續進行一對一溝通，而是改採群發性內容維持基本關聯，將業務力集中於前兩類客群的轉化與深化。

這種作法乍聽可能顯得冷漠，實際上卻是極度理性的資源運用。在時間與注意力都有限的情況下，選擇暫不投入，也是具戰略價值的決策。業務人員並非排除這些客戶，而是根據實際數據判斷此時的互動時機尚未成熟。這樣的策略，讓他們能夠把有限的推進資源投注在真正有反應、有潛力的關鍵對象上。

選擇不做什麼，往往比選擇多做什麼更具挑戰。因為這代表你願意放下曖昧不明的機會成本，轉而將注意力聚焦在更具回報率的節點上。對於一個需要持續選擇、持續推進的業務者來說，這不只是效率的提升，更是策略的成熟。

一位在電信業服務超過十年的資深業務，曾談到他在第三年時遭遇業績瓶頸。當時他有超過 300 筆持續追蹤的名單，每天撥電話、傳訊息、安排會談，卻始終感覺推不動。後來在主管建議下，他重新檢視這些名單的回應紀錄與轉換歷程，並制定了一套「客戶潛力評分表」。根據近三個月內互動頻率、實際參與意願、是否主動詢問等五項指標，每位客戶都被量化為 A、B、C 三類。

他做了一個決定：把 C 類名單（最低潛力）的 20%全數從每日追蹤清單中刪除。這批名單他改為每月寄一次電子報，不再進行個別溝通。空出來的時間，他花在 B 類客戶身上 —— 多陪他們談需求、多做競品對照，甚至為個別案子準備專屬資料。三個月後，他的業績提升超過 25%，而整體成交數量沒有增加太多，主要提升來自每位成交客戶的「轉換效率」。

這不是一種放棄，而是把資源從不會動的地方撤出，集中火力在有潛力的方向。那是他第一次真正理解「刪除行動清單」與「聚焦的行為設計」所帶來的反作用力。

如果你也想重新設計自己的銷售節奏，不妨從「潛力分級」開始。以下是一套可立即操作的架構：

- 首先，列出過去 90 天有接觸過的所有潛在客戶。
- 針對每一位，打分以下三項指標：是否主動回應、是否有具體問題、是否願意安排下一步行動。
- 將分數加總後分類：A（高潛力）、B（尚可開發）、C（短期無望）。
- 對 A 組維持週聯絡、對 B 組保持月追蹤、對 C 組改為群體維繫或退出一對一互動。

這個分級設計不是定終身，而是定節奏。每季重新評估一次，讓互動資料說話，而非讓直覺與習慣主導你的投入。

除了對象要學會篩選，行動本身也需要檢視。你每天做的那些事裡，有沒有哪幾項其實只是為了「感覺有在做事」而存在？像是每天固定瀏覽一次 CRM 系統、逐一點開舊客戶信件檢查未回，或者持續追著早已無回應的合作窗口寄更新簡報。這些動作若不能產生實質推進，就必須設限：超過三次無回應，改為進入備選觀察池；每週回顧一次高重複動作，移除無進展者。

你不需要每一條線都不放、每一個人都維繫。因為你的資源有限，而影響你績效的從來不是「做了多少事」，而是「哪幾件事真的產生了作用」。

最重要的是，你需要從心理上接受：捨棄是計畫的一部分。很多人訂下年度計畫，會列出「我要新增多少名單、增加幾個品項、開發哪些市場」，但真正有策略的人會問：「我今年要主動結束哪些嘗試？哪些合作其實該停？哪些流程該撤下？」

真正好的計畫，永遠是收斂與精簡後留下來的東西。不是你想做的總表，而是你經過篩選後選擇投注心力的那部分。當你學會說「這個先不做」，你才能把力氣給對的對象，把時間留給真正有反應的市場，把專注放在那些會回報的動作上。

如果說前兩節談的是「你怎麼推進自己」，那麼這一節談的便是「你怎麼讓自己的行動空間不被低效消耗擠滿」。

真正懂得計畫的人，不是行程表排得滿，而是手上每一件要做的事，背後都有明確的選擇理由。

當你開始主動選擇哪些該結束、哪些該調整、哪些該退出，你才真正進入了成熟的行動管理狀態。你不再只是前進，而是有意識地整合與修正；你不再只是追進度，而是在設計一條自己能夠穩定走遠的路。

六、拜訪與談判：從接觸到成交的關鍵路徑

1. 第一次拜訪，關鍵在於形象

你沒開口之前，對方已經開始在判斷你了。你還沒說出第一句話，他也許就已經決定這場會談要聽多少、信多少、願不願意真的交流。商業拜訪中，第一印象從來不是附加值，而是進入深度對話的門檻。如果你一開始就讓人感受到違和，後面再怎麼努力，對方都很難回到「願意信任你」的位置。

人們對彼此的判斷，往往不是從理性比較開始，而是在極短的時間內迅速形成初步印象。這並非直覺上的主觀感受，而是心理學長期研究所揭示的系統性現象。根據認知心理學中的「初始效應」(Primacy Effect)，人類對最早接收到的資訊所形成的印象，往往會在往後的理解與評價過程中占據主導地位。即使後續出現更多資訊，人們仍傾向以第一印象作為詮釋的主軸，進而過濾、選擇性吸收符合這個印象的內容。

這種效應在業務互動中格外明顯。因為潛在客戶通常沒有太多時間深入了解你這個人，他們會根據簡短的開場、言談的態度與肢體語言，迅速將你歸類為「值得信任的對象」

或「需要保留距離的人」。在這樣的情境下，第一印象不只是外在表現，而是你所傳遞出的整體訊號組合。

美國社會學家厄文．高夫曼（Erving Goffman）在《日常生活中的自我呈現》（*The Presentation of Self in Everyday Life*）一書中提出「印象管理」（Impression Management）的理論，指出人們在社會互動中，會主動調整自己的外在行為與語言表現，以影響他人對自己的觀感與定位。這不只是「表現得好看」的問題，而是一種基本的社交運作邏輯：人如何被看見，就如何被對待。

在商業語境中，這種印象管理並非外在包裝的操作，而是信任建構過程中不可或缺的元素。你的穿著是否得體、舉止是否穩定、語速是否清晰、資料是否具條理……這些外顯行為會被對方迅速整合，構成一個初步的心理模型——這個人是否專業、是否值得合作、是否可以把事情交給他。

實驗心理學也早已證實，人們對「一個人是否值得信任」的判斷，往往在幾秒鐘內就已經完成。我們的大腦會根據少量線索，如面部表情、眼神、語氣與動作細節，進行快速分類，這種現象在心理學中被稱為「薄片擷取」。這表示，很多時候你還沒開始真正說明自己的價值，對方已經在潛意識中做出某種預設。

在這樣的高密度互動環境中，想要建立真正有效的信任，不只是靠資料的完整或話語的流暢，更需要的是整體訊號的一致性。讓對方在第一分鐘內產生「這是一個可以聽、可以信的人」的感覺，才是後續一切說服與推進的基礎。

在多數高接觸型產業中，信任的建立往往從第一印象開始，而非產品細節。業務人員的外表與語言是否一致，常是對方用來判斷專業可信與否的第一道篩選。

德國管理學者西爾維婭・勒肯（Sylvia Löhken）在其研究中指出，人的穿著風格、肢體姿態與語言表現若彼此不協調，會讓接收者感到不安，影響信任的形成。她提到，當一位業務語氣溫和卻語速過快，或外表得體卻表達混亂，這樣的訊號落差容易讓人產生疑慮，因為「整體感不對」。

這提醒我們：專業形象從來不是靠單一表現，而是來自整體訊號的一致。關鍵在於對方是否能感覺出，你的言行與形象一致。

一位曾經在 B2B 產業服務超過 15 年的資深業務也分享過他的挫敗經驗。某次他去見一位大型製造業的策略採購主管，會議原定 30 分鐘，結果 10 分鐘後對方就以「我們內部還需要再整合一下需求」為由結束對話。後來經由中介朋友轉述，他才知道對方其實對產品沒意見，只是第一眼覺得他「不像是這種等級的案子會派來談的人」。

他當時的裝扮不算隨便，深藍襯衫加西裝外套，只是沒打領帶，且剛從另一場會議趕來、氣喘吁吁地進門，還略顯汗濕。當他遞上名片時，對方的眼神只停留一下就轉開了。他回顧那場會議時說：「我後來學會了，穿著不是得體就好，而是要對得起對方對這場合作的期待。你要讓他從你走進來的那一刻起，就覺得這是一場值得投資注意力的會談。」

這類「印象未建好，內容就已經失效」的情況，其實非常普遍。業務常以為自己敗在提案沒說好，但實際上，那場對話從第一分鐘起就進不去對方心理安全區。

在真正的拜訪現場，對話還沒正式開始前，對方的非語言反應就已經在說話。你能不能察覺對方的第一個反應——是期待、冷靜還是明顯戒備——往往決定你後續語句該快或慢、該保守或積極。像是當你剛坐下時對方身體後傾、雙手交叉、視線飄移，這往往表示他對目前場面並未完全投入，這時若過早展示解方，等同於對空氣講話；反之，若對方輕點頭並將資料翻開，他可能已準備聽進關鍵內容，此時不宜再繞前話題，而應進入可控的說明節奏。

一場有意識的拜訪準備，不該從簡報內容開始，而是從「會場之外」就開始進行。

首先，穿著不只是整潔合宜，而是必須貼近對方的行業文化。你要傳遞的訊息不只是你的風格，而是「我理解你們業界的語言與儀式」。

其次，行進方式與肢體動作是你的預熱語言。從走進辦公室的步調、坐下時的穩定程度、說話時眼神是否漂移，都會影響對方對你的穩定感評估。

第三，你帶來的資料如何展開也很關鍵。有些業務會在進門就急著打開投影片，這會讓對方感受到推銷節奏已經上線。而若你在對話中順勢拿出資料，說：「我帶了一些跟您剛剛提到需求相關的案例，若您覺得合適我們再看」，這種姿態反而能顯出從容與設身處地。

一場高品質的初次拜訪，往往不會急於進入提案，而是採取以下四段節奏：

(1) 破冰建場：從輕度關聯的觀察出發，不問近況、不寒暄，而是引入一個具體觀察：「最近看到你們參加的那場產業展，很好奇你們會怎麼判斷今年市場變化？」
(2) 探詢焦點：先問任務：「你們目前部門的關注點會比較放在內部整合，還是市場開拓？」
(3) 確認需求點：將對話內容簡單總結，並取得認可：「聽起來你們今年更關注的是客製化速度與客戶留存，我這樣理解是對的嗎？」
(4) 預告解方：不急於完整說明方案，而是釋出「可選擇」訊號：「有一種做法是我們幫客戶設計預選模板，您如果覺得有可能性，我們再一起看能不能調整到你們情境。」

實務上，許多業務會在拜訪流程中犯幾個關鍵錯誤，例如：

- 一開始就進入產品說明，導致對方防備未解除便進入資訊過載。
- 詢問問題時過於表面，像是「您目前有什麼困難？」反而讓對方不知如何接話。
- 中段缺乏節奏轉換，從寒暄直接跳入數據對照，容易讓對話顯得機械。
- 要修正這些錯誤，不一定需要更好的話術，而是更靈活的語句設計。像是：

「如果我們先針對幾種常見情境談談，您覺得有哪種？」

「我這邊有幾個案例，但怕不適用，您願意給點方向，我再選擇性地說明？」

「我可以先提出幾個想法，但如果您有任何不同解讀，也很歡迎打斷我。」

這些語句的共同特徵是：為對方留下「介入空間」，讓他感覺自己不是被你說服，而是在共同構建。當一場拜訪讓對方覺得自己有選擇權、有補充權、有修正權，那麼他對你說出的內容也會更願意接納與參與。

真正高明的拜訪不是內容完美，而是節奏讓人舒服。你不用說很多，卻能讓人留下「這個人可以好好談」的印象。而這樣的印象，多半不是來自你講了什麼，而是你的節奏與姿態所說的話。

2. 成交前的真正阻力在於「不安感」

「我再考慮看看。」這句話出現在成交前的某個瞬間，往往讓業務陷入尷尬的停頓。看似禮貌、合理，其實裡面隱藏著一整套心理結構。這時候許多業務的直覺反應是再補一點說服、再談一次價格、再強調一次效益，但結果往往只是讓對方更快結束話題。因為問題不在價格，也不在提案內容，而是在對方內心還沒有準備好承擔那個「決定之後會發生什麼」的不確定性。

這種心理狀態，行為經濟學早已深入探討。諾貝爾經濟學獎得主丹尼爾．康納曼（Daniel Kahneman）與合作夥伴阿摩司．特沃斯基（Amos Tversky）在「前景理論」（Prospect Theory）中指出：人們對於潛在損失的敏感程度，遠高於對潛在獲益的期待。這就是所謂的「損失迴避效應」（Loss Aversion）—— 人們寧可避免失去，也不熱衷追求獲得。換句話說，一旦某個選擇讓人感覺有風險，即使利益再誘人，也很難讓人主動跨出那一步。

而在真實的銷售現場，這種風險感往往不是透過理性計算得出來的，而是一種難以言明的不安感。那種不安，可能來自擔心做錯決策、害怕承擔責任、顧慮團隊意見不一致，或對後果的不確定性感到壓力 —— 尤其在需要簽署、負責、回報的 B2B 情境裡更為常見。

很多時候，顧客口中那句「我再想一想」，其實並不是還沒想清楚產品功能，而是內心正在對抗這些風險感。理解這點，有助於我們調整談話重點：比起一味強化產品的好處，要先降低對方對「錯誤決定」的想像成本。當顧客感覺到選擇某項方案不會讓自己「背鍋」、也不會陷入後悔，他才會真正放下防備，願意往前一步。

一位任職於美國 SaaS 軟體公司的商務顧問曾分享，他在推進一項內部數據平臺導入專案時，遇到一位原本積極、後來突然轉為沉默的客戶窗口。對方原本點頭稱是，也願意看資料，但到了要決定導入試用階段時，開始用各種話術拖延：「我們還有內部流程」、「可能要等下個月預算核完」。他沒有直接追問，而是換了一個方向：「如果這個系統可以讓你們先用在一個小部門，只做一個月的觀察，試完之後覺得不適合，我們不保留任何紀錄，你覺得你會比較有空間往前推一步嗎？」

對方聽完愣了一下，然後第一次主動問：「你們有這種選項嗎？」

這位顧問稱這類策略為「風險保留選項」：不設長期約、不綁全組門導入、不要求正式承諾，而是創造一種「嘗試之後可退出」的結構，讓對方的心理從「我要做決定」變成「我只是試試看」。當對方不用承擔責任，他才有空間評估真實價值。也正因為這一階段的過渡設計，他最終拿下了這筆案子，並在後續順利擴展至對方公司其他部門。

一位醫療器材顧問郝先生也有類似經驗。他負責的是一套復健評估設備，主要用於物理治療診所與長照機構，功能齊全但價格偏高，許多客戶對它感興趣，卻總在要決定採購時陷入拉扯。某次他拜訪一間私立復健中心，窗口是院內的技師主管，對設備反應冷淡，話題總是很快轉向其他話題。

郝先生沒有繼續講功能，也沒有拿出報價單，而是改問：「如果這臺設備能讓你們技師先試一週，不牽涉成本、不占預算、不需要評估報告，我們只負責安裝與回收，您覺得院方會比較願意評估它的實用性嗎？」

對方起初還是沉默，但是過了幾秒，主動回問：「會有誰來安裝？技師可以問問題嗎？」

一週後，郝先生親自帶著技術人員安裝機器，全程協助診所內部試用流程，並安排技師在週末開短會談使用心得。技師團隊表示這設備在某些案例中能減少手動記錄與主觀誤差，院方最終決定先小量採購兩臺並觀察三個月使用反應。

這類由小入大的方式，不是讓客戶「立即做決定」，而是讓他知道「他還有餘地可以重新選擇」。這是心理上的一種安全設計，讓對方不會覺得一旦簽字，就變成了壓力與責任的唯一承擔者。

實務上可以運用幾種「心理過渡橋段」的策略來協助顧客跨越那條心理鴻溝：

(1) 分段設計法：將整個方案切分為幾個階段，例如試用－初期導入－正式部署，讓每一階段的決策成本下降。
(2) 退場保障法：允許客戶在某一階段後無條件退出，或提供「試用期全額退費」條款，讓客戶不需承擔長期綁約壓力。
(3) 角色轉移法：讓決策壓力從窗口轉移給「內部其他單位」或「客戶方顧問」，例如說：「這份資料可由技師先驗證實用性，您只需協助引導測試流程。」
(4) 情境提問法：讓對方設想成功運用後的輕盈狀態，而非一開始就設想執行的複雜性，例如：「如果這設備用起來不複雜，你覺得誰會最早受益？」

在進行這類推進設計時，最容易失誤的其實不是策略錯，而是語氣錯。一些常見的錯誤處理方式如下：

- 當客戶說「我再考慮看看」時，業務急著回：「其實你現在決定，我們還可以加一個優惠」，這會讓對方覺得你急於成交、而不是理解。
- 或是說：「我們還有很多資料可以讓你再參考看看」，這類補充反而會讓對方資訊負荷過重，加深決策壓力。
- 更糟的是回：「那我下週再追蹤您一次」，對方當下可能口頭同意，但心理上已經將這段關係劃入「無須回應」的區塊。

相對地，成熟的應對語句會把選擇權給回對方，讓對方感覺自己仍是掌控節奏的人。例如：

- 「這段時間我們不急，但若您內部有什麼考量，我也可以先配合分段處理。」
- 「也許我們可以一起討論看看，哪個地方讓您覺得還需要更多資訊，或哪個點會影響您做這個決定的信心。」
- 「這不一定要馬上決定，我們也曾讓其他客戶先讓內部操作單位試用過一輪，才真正形成評估共識。」

這些語句不是為了讓對方立刻答應，而是讓對話不會結束，讓對方覺得你不是催他，而是協助他在可控的步伐下前進。

當你聽到對方說「再考慮看看」時，請不要急著解釋或補充資料。你該做的，是讓他知道：你不急，但你有準備好陪他跨過那一步的選項。這才是面對不安感時，最有力量的推進方式。

3. 談判是雙贏的設計能力

一場談判真正進入困難區的時候，並不是雙方都強硬不讓，而是當彼此都說：「我們已經各退一步了」，結果還是沒有交集。表面上是讓步，實際上只是把「你要的我不能給，我要的你不能接受」換了一種語言說出來。於是談判卡在一種進退兩難的狀態。

這樣的情況在業務協商中並不少見。比方說，客戶一再堅持要降價，而業務也不斷強調已經給到極限價格，但就是談不攏。問題出在哪裡？出在雙方都還在討論「立場」，卻沒有試著回頭看「利益」到底是什麼。

哈佛談判學派的學者威廉．尤瑞（William Ury）與羅傑．費雪（Roger Fisher）所提出的原則式談判（Principled Negotiation）正是為了解決這種窘境而來。他們在經典著作《哈佛這樣教談判力》（*Getting to Yes*）中明確指出，真正高效且具建設性的談判，應該依循四項原則：

(1) 將人與問題分開處理；

(2) 聚焦在利益，而非立場；

(3) 創造多種選項以供選擇；

(4) 堅持使用客觀標準。

這四項原則之所以關鍵，是因為它們將談判從「爭取誰對誰錯」的角力場，轉向「一起釐清如何才能解決問題」的合作場景。

在現場語言上，這樣的轉變看起來像這樣：

立場式談判說的是：「我們只能做到這個價錢，你不接受就算了。」

原則式談判說的是：「我理解您希望這案子對您有利潤空間，我們可不可以先確認一下，這個價格之外，還有沒有其他變數可以一起處理？」

兩種語句，看似都在表達限制，但前者是終點，後者是起點。關鍵在於語氣背後的意圖 —— 你是要結束對話，還是要重組對話空間。

這裡最常見的錯誤是：一開場就表明底線。像是「這價格我們再也不能低了」，這句話的問題在於，它強化了雙方的對抗位置。聽到這句話的對方，很可能不是被說服，而是心理上產生抗拒，因為你提前關上了對話的門；反之，語句如果轉為：「我們對這個價格已經做了非常多調整，但我想我們還可以看看是否還有其他條件能互相協助，讓它變得更合理一些。」這樣的語言留下空間，也讓對方更容易繼續談下去。

第一項原則「將人與問題分開處理」，對業務來說尤其重要。我們太常把對方的強硬當成針對我們個人的挑戰，於是對話容易情緒化。事實上，客戶的堅持可能來自他的績效壓力、他被高層盯得緊，或他自己也還不確定可控的條件。這時候業務若反擊、對抗，問題就無法被處理，因為彼此都卡在身分上，不再針對事件說話。

要做到這一點，有一個簡單的實用技巧：在對方講話時，先不急著反應，而是嘗試轉譯成「他可能的處境陳述」。比方說：「我聽起來，您這邊的壓力其實不只來自價格，而是這次專案還有很多內部複雜因素要顧慮，對嗎？」這樣的回應讓對方知道你不是反駁他，而是試著幫他講清楚整體狀況。

第二項原則「聚焦在利益而非立場」，更是業務協商中的要點。立場是說：「我就是要降到這個價。」利益是說：「我需要在整體預算內有更多彈性，否則我難以推進內部流程。」一個處理立場的業務，會一直談價格怎麼算比較划算；但一個處理利益的業務，會開始詢問：「這案子對您來說，哪幾個面向壓力最大？如果我們能幫您處理其中一項，價格的彈性會不會比較好談？」

這樣的對話結構，讓人願意留在桌邊一起想辦法，而不會只剩拉鋸。

日本豐田汽車與其供應商的談判模式就是這個原則的最佳實例。根據供應鏈管理研究指出，豐田在與關鍵零組件供應商洽談長期合作時，並不以價格為唯一焦點，而是讓雙方先共同列出「成本來源地圖」。當供應商表示某些成本難以下調時，豐田會派工程團隊協助對方優化生產流程、降低原料耗損，從源頭減少成本，而非強壓單價。

整個過程通常分為三階段：第一階段是共視問題，讓供應商有空間坦誠分享問題點；第二階段是共構方案，由雙方技術人員共組改善小組，設計流程優化提案；第三階段則是共用成效，成本效益提升後，雙方依比率分攤節省空間。這樣的做法讓談判雙方都聚焦在「要怎麼讓這件事合理發生」，而非「誰犧牲得多」。

第三項原則「創造多種選項」，對銷售場景而言，代表的是「你有沒有給對方一個選擇權」。很多業務把談判當成是「我的版本 vs. 對方想要的版本」，但其實你可以創造三個版本，讓對方選擇哪一個比較合適。例如：

- A 案：方案完整但預算高
- B 案：功能精簡但可快速導入
- C 案：拆段執行，利於內部測試與逐步展開當你提供的不是單一路徑，而是可比較的選項，對方就會從「要不要你這方案」轉為「這三種選項哪個最可行」。這個轉移，不只降低對抗，也讓談判成為一場決策支持，而非壓力對話。

一位房仲業者分享過他的「雙方讓利清單」策略。他在面對屋主與買方都不願讓步的時候，不再直接試圖撮合價格，而是各自請雙方列出自己「最能讓步的三件事」，包含時間、配合條件、交屋彈性等。接著他畫出交叉表，找出「彼此都能接受但不重疊」的項目，優先形成第一個共識。

這種談判方式不只是在處理「數字」，而是在整理「每個人心理上比較願意放掉的是什麼」。而這正是原則式談判裡第四項原則「堅持使用客觀標準」的現場實作。你不是憑感覺談條件，而是拿出可共同參照的依據：市場行情、區域成交紀錄、產業作業標準。

而當談判遇上兩種風格買方——「衝突型」與「模糊型」，這樣的讓利清單就更顯得實用。衝突型常先聲奪人、占據談話主導，這時不與其正面拉鋸，而是轉向：「我把目前雙方的彈性條件整理成表格，方便我們先看到有沒有交集點」；模糊型買方則猶豫不決、不願表態，這時則可用：「我這邊先提供幾組彈性設計，您可以依據您最在意的要素來排序，我們再來對比。」這些策略背後的邏輯都是：用可視化與結構來幫助雙方做決定，而不是情緒化地拉扯。

談判不是你有多少讓步空間，而是你有沒有建立「我們是一起來想解法」的氣氛。如果對方感受到你不是要爭一個立場，而是要找出讓他也好過的結果，那麼他會在過程中卸下防備，開始一起思考怎麼做比較合理。

最重要的是，不要把談判想成對方讓你退幾步，而是思考你怎麼設計出一條讓他也願意往前走的路。

七、拒絕的藝術：異議處理與心理韌性

1. 「不需要」不等於結束

當一位顧客說出「不需要，謝謝」的瞬間，多數業務會感覺像是眼前的大門被關上了。對話停了下來，氣氛變得安靜甚至尷尬。很多人會在這個時候選擇離開，有些則試圖硬推、補話，但是很少有人會靜下來思考：這句話，真的就是一個終點嗎？

心理學家理查·拉薩魯斯（Richard Lazarus）在其提出的「評估理論」（Appraisal Theory）中強調，我們之所以產生情緒，並非因為事件本身，而是因為我們對事件所做出的主觀評估。換言之，人們的情緒反應，是針對「這件事對我意味著什麼」所產生的結果，而非事件本身的客觀性質。

這樣的觀點，為我們重新理解顧客說「不」的情境提供了深刻啟示。顧客拒絕一項提案，往往並不代表他否定了商品的價值，而是反映出他此時此刻對這場互動所做的整體評估結果——或許他面對預算限制，或許內部流程複雜，又或者他對你所提供的資訊仍感不安。這些都不是對「產品本身」的判斷，而是一種因應情境壓力的評估性反應。

若我們仍以傳統思維解讀拒絕，容易將對方的話語視為封鎖或對立。但從情緒評估理論的角度來看，這更像是一種

暫時的停損策略 —— 對方所做的，是在自身資訊與壓力條件下，試圖降低風險、維護掌控感的選擇。換句話說，你聽見的「不」，不一定是結論，它可能只是這一刻的防禦性回應，而非真正的否定。

這樣的理解，不僅能讓業務人員放下挫敗感，更打開了重新設計對話的可能性。如果我們能更敏銳地讀懂這個「不」背後的心理訊號，辨識出顧客的顧慮、猶豫與不安來自何處，那麼，就有機會從回應層面重新著手，設計出更貼合當下情境的下一步談話節奏。

在實務觀察中，我們可以將「被拒絕」常見的心理反應分為五種狀態訊號。這些狀態有時彼此交錯，有時輪替出現，但如果你能夠判讀對方此刻的心理樣貌，就能選擇更合適的下一步語言。

第一種是「防衛型拒絕」：對方的語氣特別快，句尾不帶情感，語言格式像是預設模板（例如：「我們現在沒這個需求」、「這不是我們的優先事項」）。這種訊號的核心往往不是針對你，而是對現場角色的防衛 —— 他可能已經接過太多陌生提案，或怕自己承諾太快惹上麻煩。此時補資料或急著表明價值，效果都不佳。真正需要的是讓他覺得「這場互動可以停在低壓、不危險的位置」。你可以回：「了解，這時候我其實也不是要談合作，只是想知道您怎麼看待像這樣的挑戰，或許我們之後還有適合的時機。」

第二種是「逃避型拒絕」：你能察覺對方其實心不在焉、眼神飄忽、對話節奏刻意加快，像是想快點結束這場應付。這背後的心理常常來自於壓力太多、無法處理更多資訊，而不是對產品本身有排斥。這時不應正面提問，而是釋放出可中止的選擇權：「這段時間感覺您的任務應該很滿，我可以先給您一份簡單資料，有空再看也沒問題，我下週寫封信補充即可。」這不是退縮，而是為了保留下一次互動的空間。

第三種是「疲勞型拒絕」：對方語氣平淡、表情鬆垮，甚至直接說：「你們這類的，我最近已經看過幾家了。」這代表他的注意力早已耗盡，無法再處理多一組提案。這時候，與其再次簡報，不如改為輕量回應：「這確實是很常見的困擾，我也不會占用您太多時間。若您想，我可以直接說目前我們觀察最容易踩雷的兩個環節，讓您對照看看合不合。」讓對方知道你有節制，才可能延長他的注意力。

第四種是「無力型拒絕」：有些窗口其實對方案有興趣，但會說：「這不是我能決定的」、「我們有很多層級要報」。這樣的語句其實是在釋放一個訊息：「不要逼我做出無法承擔的承諾」。你能做的不是再解釋價值，而是幫他卸責與轉介：「如果這件事是由您同事或主管主導，我可以提供一份不帶商業說服的對照資料，讓您們內部容易對話一些。這樣您壓力也小一點。」

最後一種，是「不信任型拒絕」：語氣正常，但會出現質疑式語句：「這東西真的能用嗎？」、「你們之前做過什麼產業？」、「價格怎麼這麼高？」這不是單純在問資訊，而是對你、你的公司、這場談話缺乏信任橋梁。最忌諱此時用「我們有很多成功案例」來壓制，而是應該讓他自己參與驗證：「我這邊有三個做法或是案例可以分享，不過我想先聽您目前最常卡在哪裡，我可以針對那部分給您實際比對。」

在許多科技業銷售團隊（包含 LinkedIn 在內）的訓練實務中，常見一種名為「通話回顧式對話分析」（conversation debriefing）的技巧。這種方法強調在會議或首次通話結束後，系統性地追蹤顧客語氣、語速與主題參與度的變化。例如：在哪一題之後對方語速開始加快？在哪個環節語調變冷、互動沉寂？再將這些訊號與對方當下情境做比對，就能逐步推敲出，那一句「不需要」，可能並不是結論，而是一種情緒評估下的臨時反應。

一位資深業務顧問回顧，他在過去一年中曾有 30 多次初步會談皆以拒絕收場，但在將這些通話紀錄分類之後，發現有 8 成的對方是在「被打斷」之後才回到拒絕。他後來改變策略，不再在顧客語句出現「我覺得……」時插話，而是刻意等待多兩秒，等對方自己完成評估性的結尾。結果他發現，許多本來看似要結束的對話，因為這個空間的放出而得以延續。

在臺灣，也有一間 SaaS 新創公司採用「需求引導式回問」的方式，突破早期拜訪時常被秒拒的困境。他們改變推介順序，從「我們是誰、能提供什麼」轉向「你們最近會遇到……嗎？」或是「你們現在最擔心的是內部資料同步還是決策速度？」這樣的語言讓對方不需立刻做選擇，而是先做分類與想像，進而產生後續對話的可能性。

如果我們將這些策略彙整為操作步驟，可以簡化為以下三層：

第一步，拉開反應節奏。

不要急著回應，也不要急著提案。先觀察對方說話的語氣、姿態、回應方式，是快、短、含糊，還是認真但困惑。這些都是情緒評估的外顯表現。

第二步，轉換語言目標。

別把回應焦點放在「補足資訊」，而是改為「減少壓力」。也就是從說服變成陪伴思考。例如：「如果目前真的不好談，我也可以留下我們這邊幾個不同案例，哪一天您需要時，也比較好內部參照。」

第三步，回應情境而非語句。

對方說「不」，不一定要解釋「為什麼你值得考慮」，而是給他一個「不會被推銷」的對話空間。像是：「您若之後覺得這樣的工具比較實用，我們也很樂意當成案例討論對象，不急合作，您覺得呢？」

在這樣的對話設計中，重點不是要讓顧客立刻改變立場，而是讓他在拒絕後還願意留下繼續講幾句。因為真正關鍵的不是第一次對話說了什麼，而是你們之間還有沒有下一次互動的機會。

對拒絕的處理，其實不是語言技巧，而是你對對方當下心理狀態的尊重。你是否願意相信：這個「不」不是他的意見，而是他當時的防衛？你是否願意給他時間，而不是試圖從他嘴裡拗回一個「好像可以談談」？

如果你願意相信，說「不需要」的人，其實只是正在保護自己，那麼你就會知道，下一步該做的不是離開，而是理解他在保護什麼。

2. 處理異議是在解讀訊號

多數業務對「異議」的直覺反應，是防禦、急著解釋，或想立刻拆解對方的懷疑。然而經驗越多的人越知道，顧客會說出異議，不代表他真的在拒絕你；反而是在丟出一個訊號—— 他還沒理解完、還沒信任夠，或者只是還沒準備好往前走。

真正有效的異議處理，從來不是「反駁」對方，而是要能聽出他話裡沒說出口的東西。

美國心理學者馬歇爾．羅森堡（Marshall Rosenberg）所提出的「非暴力溝通」（Nonviolent Communication, NVC），正是一種以理解為核心的對話框架。他認為，良好的溝通不是為了說服對方接受某種立場，而是為了真正理解對方此刻的感受與需要。若缺乏這種理解，再高明的說詞也難以建立連結；但一旦彼此能在理解中相遇，溝通才有可能轉向合作與信任。

羅森伯格將這樣的理解歷程拆解為四個層次，分別是：觀察（Observation）、感受（Feeling）、需求（Need）、請求（Request）。首先，我們需要拋開評價與解讀，回到具體可觀察的事實；接著辨識出對方在這樣的情境下所呈現的情緒反應；再往下挖掘，這些情緒背後究竟反映了什麼被滿足或未被滿足的需求；最後，提出一個清楚具體、可以回應這些需求的行動請求。這不是話術的流程圖，而是同理心的路徑圖。

當這套思維應用在銷售現場時，會產生非常實際的幫助。它讓我們不再只停留在「顧客說了什麼」，而能進一步追問：「他為什麼會這樣說？」這是一種視角的轉換——不再將拒絕視為終點，而是將它當作理解的起點。我們學著從對方的話語中拆解出脈絡：他是在什麼情境下做出這個反應？說這句話時，他的情緒指向了什麼？他的需求可能是什麼？

或許，對方說「我現在沒興趣」，不一定真的是對產品沒興趣，而是他當下感受到某種壓力、不確定感，或過去某段不佳的經驗被觸動。這些訊號，如果只停留在表層回應，我們便無從解讀；但若運用 NVC 的四個層次來拆解，我們便有機會理解語言背後的心理線索，進而調整我們的提問方式、對話節奏，讓溝通重新打開。

舉個例子，當一位客戶說：「這方案我們目前看起來沒有太大興趣。」

傳統應對是：「其實我們還有其他版本，不曉得您願不願意先看看……」

但基於 NVC 的邏輯，業務真正該做的是這樣拆解：

- 觀察：對方語速加快、語句模糊，表示可能希望快速結束對話
- 感受：他可能感到焦慮或防備，認為時間被占據
- 需求：他可能需要空間感、安全感，或不想被問太多細節
- 請求（回應語句）：可轉為「我理解這時間不一定方便深入看，如果您願意，我之後發封摘要給您，讓您內部參考時不會太負擔」

這樣的回應不是在反駁異議，而是透過對方的語氣與反應，回應他當下的心理需求。

要做到這種層次的判讀與設計，第一步是學會辨識「異議的類型」。銷售場上常見的異議，大致可分為三種：

資訊型異議：「我還不太清楚你們的產品到底在做什麼。」

這類話語表面上是「不了解」，但深層意思可能是：「你說的跟我想的不太一樣」、「我不知道這東西對我來說是不是

值得花時間理解」，或者更直接：「這聽起來有點複雜，我不想現在處理」。

處理這類異議的關鍵，不在於馬上解釋更清楚，而是「重構對方的理解結構」。最常見的錯誤是，業務一聽到「我還不太了解」，就開始從頭說產品架構、技術規格、市場優勢，結果只讓對方更想關掉耳朵。

正確做法是：「您聽起來好像是跟原本預期的方向有點落差，我能不能先問一下，您目前對這類工具最在意的是哪一塊？」這樣的語句，會讓對方把焦點從「我不懂」轉為「我自己怎麼理解」，重新打開對話空間。

一位從事教育科技系統推廣的業務曾分享，他在拜訪一所私立高中時被校方主任打斷：「我之前聽過這東西，但還是不太清楚你們到底是工具還是平臺？」他沒有再硬說明，而是回答：「老師，我知道您更在意的是，我們的角色是提供內容還是整合整體運作，對嗎？」這樣的引導讓對方放下戒心，開始主動釐清界線，反而讓業務得以切入核心場景。

價值型異議：「這不是我們風格／我們跟你們想的不一樣」

這類異議其實不是對產品本身的懷疑，而是對彼此價值觀、工作方式、甚至文化氛圍的感覺落差。若硬要用功能說服、技術說明來回應，反而會讓對方更認定你「不理解我們」。

這時候，更有效的策略是進行「價值重述」。也就是先肯定對方的價值觀，再從共識點延伸自己的角色。例如：

- 「我其實蠻認同您說的那個『不能增加團隊額外負擔』的原則，我們其實在設計流程時，就是用這個邏輯去檢驗每一項功能是否必要。」
- 「我們的確不是完全用你們的語言在說明，但我覺得這剛好也讓彼此可以看到不同角度的處理方式。」

在醫療產業推展決策支援系統的一位顧問，曾遇到一間醫院內部資訊主任提出質疑：「你們這樣的方案比較像工程導向，不太符合我們醫師處理方式的節奏。」他並未反駁，而是說：「我完全理解醫師的診斷流程跟工程系統很不一樣，我們後來在其他幾家醫院調整的重點也正是這一塊，反而因此幫助我們設計出能貼近醫療現場的介面。」這樣的回應既展現尊重，又不放棄敘述優勢，是一種「讓對方站在認同上聽你說話」的做法。

立場型異議：「我們有固定合作對象／這東西我們早就用別家的了」

這類話語最容易讓業務感到沮喪，因為看起來像是「沒空間了」。但實際上，這類異議通常是出自於安全感與風險考量——「現在改變，成本太高」、「我沒辦法承擔轉換的後果」、「我不想被同事覺得我搞砸了」。

與其硬衝、不如退一步設計「轉問式回應」：也就是不直接挑戰現有方案，而是讓對方自己比較、自己定義可能的問題。

- 「聽起來目前用得算順，那您覺得現在這套系統裡面，有沒有哪個地方是您會想要再升級或改善的？」
- 「我們並不是要取代誰，而是希望在某些場合成為您的備選工具，特別是像您剛提到那種臨時應變場景。」

一位廣告顧問在與某電商客戶溝通時，對方直接表示「我們跟其他家配合很多年了，不太考慮更換」。她沒有急著回說自家有什麼更好，而是問：「您覺得現有團隊最常被問到或最花時間處理的廣告優化是哪一塊？我們有些客戶是針對那個區段做輔助，讓主方案保持不動，也減輕他們壓力。」對方想了一下，回說：「如果是輔助的話，也許我們可以了解看看……」

這樣的回應沒有試圖取代，而是創造出一個「你也不會受傷」的對話空間。

總結來說，異議不是炸彈，不需要拆解，只需要理解。每一個異議的背後，都有一個「還沒被對話過的層次」。你不需要讓對方立刻點頭，但你可以讓他覺得：「這個人有聽懂我在想什麼」。

我們可以記住三句判斷：

- 當顧客說「不太清楚」，他可能需要分類而非解釋；
- 當顧客說「這不符合我們風格」，他可能需要共識而非對抗；
- 當顧客說「我們早有方案」，他可能需要一種不構成威脅的探索空間。

而你能做的，不是證明你更好，而是創造出「他願意再談下去」的語境設計。

因為真正厲害的異議處理，不是說服對方閉嘴，而是讓他在說完拒絕之後，還願意留下來，繼續說出更多。

3. 被拒絕也能前進：打造持續出擊的內在系統

在銷售工作中，拒絕並不是偶爾會遇到的事，而是日常的一部分。你可能剛完成一場看似順利的會議，對方卻說「我再看看」，然後再也沒有回應；或者一份提案花了兩週準備，最終被一句話打回：「主管不覺得這案子有急迫性。」你努力展現專業與投入，得到的卻是模糊的否定、持續的沉默，甚至沒有機會解釋。久而久之，不只是挫折感累積，連行動的慣性也開始動搖。

這也正是為什麼，在高壓與高拒絕率並存的銷售職場中，「情緒韌性」(Emotional Resilience)始終被視為最關鍵卻最難訓練的一種心理能力。它不像銷售話術可以速成，也無法透過一次成功經驗就建立穩定信心，卻深深影響著一個人是否能長期留在這條路上、並持續前行。

美國心理學者喬治·波納諾在其創傷與復原的長期研究中指出，情緒韌性的關鍵，不在於一個人是否會被壓力擊倒，而在於當壓力來臨時，他恢復原有功能的速度與幅度有多快、多穩定。換言之，真正的韌性不是撐住不倒，而是即便被擊退，也能迅速回到自己的節奏與狀態中。這樣的定義，顛覆了我們對所謂「心理強大」的刻板印象，也讓情緒韌性成為一種更具現實意義的能力指標。

在銷售現場，這樣的能力往往決定了一個人是卡在一次拒絕的情緒裡，還是能從這個打擊中走出來、重整態度、重新出發。面對「不」，有些人當下表面上看似沒事，但心裡早已暗自設限；而有些人則能透過理解、轉化與重建，讓自己的狀態真正回到能行動的位置。這種回復力，才是情緒韌性真正的樣貌。

波納諾的研究提醒我們，韌性並不代表壓力不痛，而是即便痛過，也能很快重新站穩腳步。對銷售工作者而言，這不僅是一種抗壓性，更是一種長期職涯續航力的基礎。

許多業務以為，要在這條路上活下去，就要變得「不受影響」，但這其實是一種誤解。真正的專業不是無感，而是知道什麼時候該踩剎車、該轉彎、該慢下來。只有當你的心理系統被允許有節奏地調整，情緒才不會一路往內壓，最後變成慣性的疲倦與否定。

這樣的回彈力，其實可以從三個方向來建立：調整自我對話的語言結構、設計具備恢復功能的工作節奏、重建你面對世界的「非結果式行動力」。

第一個關鍵，是你對自己的語言設計。大多數人在被拒絕之後，心裡跳出的第一句話可能是：「我是不是講得不夠好？」、「是不是我選錯對象了？」、「是不是他根本從頭就不打算理我？」這些語言看起來像在檢討，實則是內化的自我削弱。長期使用這些句子，會讓你把每一次失敗都變成「我是失敗」的證明，而不是「這次方法沒打中」的提醒。

建立情緒韌性的第一步，是改寫這些語言公式。以下是三句語言的替代提案：

(1)「這不是針對我，而是他當下的狀態選擇了不接受。」

(2)「這場對話結束了，但我的節奏還在運轉中。」

(3)「我可以從這次對話學到一個觀察點，不是價值的否定，而是理解的練習。」

這三句話不是自我安慰，而是讓大腦建立一個「承接失敗的容器」。當情緒有出口，才不會一直積壓在對話之後的空白裡。

第二個關鍵，是重新設計工作節奏，讓自己在高互動壓力下仍保有「心理恢復的空間」。這不是要你逃避或減少努力，而是學會分配心理能量的使用方式。許多高績效業務都有一種習慣，就是在高壓工作之中安排「低壓但高感知度」的任務來作為回復節奏。這些任務是「可控、無壓力、不求成果」的持續輸出，例如：

- 撰寫一則沒義務發送給客戶的市場觀察筆記
- 主動為一位老客戶回顧他去年的數據表現
- 對一份尚未完成的提案草稿進行整理與命名，並不急著完成

這些行動的共同點是：它們沒有短期績效責任，但能幫你「維持流動感」。心理學家芭芭拉·弗雷德里克森（Barbara Fredrickson）所提出的「拓展與建構理論」（Broaden-and-Build Theory），為我們提供了理解正向情緒長期價值的一種全新視角。根據她的研究，正向情緒不僅令人感覺良好，更會在心理層面打開我們的視野，使人跳脫眼前的焦慮與威脅感，進而發展出更多元的認知與行動策略。也就是說，當一個人處於喜悅、好奇、寧靜或感激的情緒中，他不只是「比較快樂」，而是在潛意識中為未來累積資源。

這些資源的形式可能是創造力的提升、人際連結的加深、自我效能的累積，甚至包括身體健康與免疫力的強化。重要的是，這樣的資源往往不是來自明確目標導向的努力，而是來自一連串看似微不足道的日常經驗——一次被傾聽的感受、一場輕鬆的閒聊、一個親切的回應。這些無功利的互動，正是正向情緒的載體，也是心理資本的堆疊點。

從這個角度看，正向情緒的價值不只是「讓人心情好」，更是一種促進長期適應力的系統機制。它不會立刻改

變銷售成績，也不會直接化解困境，但它能在我們的內在鋪出一條韌性與彈性的路，讓我們更有能力面對接下來的挑戰。

第三個關鍵，是你怎麼設計「不是為了成交」的行動指標。過度依賴結果導向，會讓每一次拒絕都像是全面性失敗。但如果你每天的任務中，有一部分是「非成果評估」類型，就能減少內在的壓力內耗。

以下是幾種可以納入日常的「非結果型行動設計」：

- 每週完成一次主題輸出，不管有沒有人回應（如社群貼文、行銷筆記、使用者心得）
- 每天設定一個提問任務，只負責問，不期待對方立刻回答（如：「最近市場上你們關注的主題是什麼？」）
- 為自己每週安排一次「模擬性失敗演練」，試著主動提出一個很可能被拒絕的邀約，觀察自己的心理反應變化

這些任務的目的，不是製造痛苦，而是讓你練習「讓拒絕變成其中一種結果，而非全部結果」。當你可以在主動接觸中接受不同結局，你的行動模式就會從「成果追求」轉向「節奏維繫」，這正是職涯可持續性的基礎。

一位在國際科技平臺工作的顧問，分享過他設計的一套私密實驗。他發現自己總是在某些被拒絕之後特別沮喪，後

來他開始記錄：「當天哪一刻我感覺最累、最否定自己？」、「那時候我在做什麼？」、「那段情境的語氣、對話內容是什麼？」這樣記錄不是為了找出解法，而是讓他更熟悉自己在被拒絕時的反應節奏。兩個月後，他發現自己不再因為某句話而瞬間受傷，而是能說：「我知道我現在在情緒反應，不是真的那麼差。」

另一位 B2B 獨立開發者，則採用一種反直覺的方式訓練情緒韌性。他將每週一訂為「不提案日」，那天的任務只有一個：與用戶聊天，純聽，不賣。他說這讓他一週至少有一天能把自我期待關掉，專注傾聽與理解市場真實的語感。這種「非商業輸出日」讓他後半週的提案成功率反而提高，因為他說話的節奏與心理狀態穩定了。

真正高韌性的銷售者，不是永遠都在推進，而是知道什麼時候該讓自己停一下，重設語言，整理情緒，再回到節奏裡。這是一種節能而長效的策略。

因為銷售最終不是靠意志力持續的，而是靠一套「能讓你每天重新出發」的內在系統。

八、把握細節：形象、儀態與第一印象

1. 穿著是顧客對你的信任起點

在銷售的世界裡，「讓人信任你」從來就不是一場口才比賽。對多數顧客而言，真正的判斷早在你還沒開口前就悄悄做出了。你走進門的那一刻，你的穿著、站姿、髮型、提包的材質，甚至你的鞋是否打理乾淨，都已經在對方的心中構成了一份印象報告。而這份報告的分數，會影響他接下來對你說的每一句話的信任程度。

我們很容易把「外表管理」理解為表演或門面，彷彿只是一種職場上的形式感。但實際上，穿著與儀態是你在對話尚未開始時，唯一能主動釋放的訊息。在沒有語言的前幾秒鐘裡，你的形象就是你。

在心理學中，有一項經典現象被稱為「暈輪效應」(Halo Effect)，由美國心理學家愛德華．桑代克 (Edward Thorndike)於 1920 年代首次提出。他在針對軍官的人事評量研究中發現，若一名士兵被評為「外表整潔」，那麼這項正面特質會在觀察者心中產生擴散效應，使人進一步相信這名士兵「紀律嚴謹」、「判斷力佳」、「值得信賴」。簡單來說，人們會將某一項明顯的外在優勢，潛意識地投射到對方其他層面的整體評價中 —— 即使那些評價並未經過實質驗證。

這樣的效應後來被廣泛應用於社會心理學、組織行為學與決策科學等領域，尤其在人際互動初期的印象建立中，展現出極高的一致性與預測力。例如，在職場面試中，受試者的穿著打扮、聲音語調、表情管理等表層訊號，往往比其實際內容更早被注意與評價；同樣地，在銷售場域中，客戶面對業務人員時，也經常不自覺地啟動這樣的心理捷徑。

當一位業務穿著得體、語氣沉穩、舉止乾淨俐落，顧客便容易產生「他應該很有準備」、「這人看來值得信任」等推論；反之，若出現穿著鬆散、儀表凌亂的情況，即便內容陳述清楚有邏輯，也可能讓顧客在無意識中浮現「他是不是不太專業」的懷疑。這不是偏見，而是人類大腦在面對不確定資訊時的一種自然處理機制 —— 當可用訊息有限，我們就會依賴可得線索進行快速判斷。

這並不意味著外表比實力重要，而是提醒我們一個現實：在還沒來得及展現實力之前，對方只能從這些表層訊號中，建立他對你的第一印象與初步信任感。了解這一點，不是為了操控觀感，而是為了設計一種更有意識的自我呈現方式，使我們在對話的起點，就已經減少了不必要的阻力，為後續溝通鋪設更順暢的路徑。

一位資深的企業採購主管曾分享過他的經驗。他說，自己曾經與一位數位行銷顧問初次會面，對方的提案邏輯其實很完整，但穿著風格卻極度不對頻。他說：「我很難想像這個人能代表我們出席公開簡報，因為他的風格會讓我們內部有些主管產生疑慮。不是他不專業，而是讓人擔心他無法在不同場域中轉換得宜。」

這句話點出了一個關鍵點：穿著並不是用來說明你是誰，而是預告你能不能進入某個「角色關係」之中。在銷售場域裡，顧客需要的不是欣賞你，而是確認你是否能扮演好他預期的合作角色。而這個判斷，往往來自於他眼前看到的你，與他心中那個「可委託、可代表、可信任的人」之間的距離感。

因此，你的穿著其實是「讓對方更快定位你」的輔助工具。

這樣的理解，也正是「情境式裝扮策略」的核心。不同產業、不同客戶、不同目標，會對「什麼叫專業」有不同的想像。一個外商科技公司可能認為半正式休閒裝（smart casual）是高效與創造力的象徵；而某些傳統金融業仍然重視深色西裝、保守搭配所代表的穩定與紀律。

以下是一個簡單的穿著策略對照表，協助銷售工作者根據情境設計出「不突兀但具辨識度」的裝扮：

顧客產業風格	顧客角色屬性	建議穿著重點	錯誤風險
傳產／金融保守型	高層決策者	深色套裝、保守搭配、細節完整	過度年輕化風格會被視為不穩重
科技／創新導向	中階推動者	smart casual、材質講究、乾淨剪裁	過度正式會顯得不靈活或「太官式」
公共／非營利	多方利害關係者	中性色、無過度品牌、具親和感	太商業化會引發不信任或距離感
中小企業或個人創業者	實務主導者	穿著簡潔、功能性強、與對方同步即可	僅追求品牌或名牌會顯得過度表現

這份表格的目的不是要硬性規定風格，而是幫助你從對方的角色出發，去思考「我該呈現什麼樣的自己，才讓他覺得可以一起合作」。

一位保險顧問就曾面對這樣的轉換挑戰。他早年因為年輕、氣場活潑，成功開發不少新創團隊與年輕客戶，但當他想要進入中高齡市場時，卻一直處處碰壁。他在一次自我錄影練習中發現，自己的穿著風格仍停留在「便於機車奔波」的路線，雖然方便實務操作，但對習慣銀行保險顧問穿西裝上門的客戶群而言，顯得不夠穩重。

後來，他請教了一位在精品零售業工作的造型顧問，從色系搭配、髮型整飾到手錶與皮鞋的選擇重新設計形象。最關鍵的建議其實不是「要穿得貴」，而是「要讓自己像一位能說清楚合約的可靠代表」。這句話讓他重新定位了自己。他開始練習在不同對象面前呈現出「他們預期的專業樣貌」，而不是單純用「我的風格」來做選擇。半年後，他成功建立了一群長期信任的高齡保戶，並被介紹進入熟人圈。

這段歷程不是在討好誰，而是理解合作關係裡，每個人都需要一個「可以安心交辦的對象」。穿著，是你對外傳達「我理解你」的一種方式。

在實務操作上，你可以自我檢查以下幾個問題，作為每次拜訪前的穿著策略參考：

(1) 這場會談裡，我代表的是什麼角色？（推廣者、協調者、談判者、代表品牌的使者？）
(2) 對方平時會怎麼打扮？我與他的距離是太近還是太遠？
(3) 我身上的元素是否有任何可能被誤讀為炫耀、隨便或不夠細心？
(4) 有沒有哪個細節可以作為信任開場的提示？（如顏色選擇、筆記本質感、整體整理度）

這些問題的目的，是讓你在出門前就做好一件事：不用穿得最好，但要穿得剛好，讓對方可以不費力地把你放進一個「可以合作」的分類裡。

我們經常在銷售裡談信任、談關係、談專業，但有時候，一場對話的成敗，其實早在你走進門的那一刻就已經被決定了一半。你的穿著，不只是外表，而是對關係的尊重。

2. 你的肢體語言，透露了你沒說出口的事

在一次銷售回顧會議中，一位表現穩定的業務顧問向主管提出困惑：「我那天講得很順，提案內容邏輯也沒有問題，但對方就是一直很冷，最後只說：『謝謝，我們會再看看。』」這不是第一次。他說這種感覺像是：你拿出完整的資料與演練好的話術，但在現場卻總是被一種無形的東西卡住了節奏。你知道對方沒在反對，卻也沒有要前進的意思。這種氣氛，說不清也摸不透。

這種情況，其實很多業務都經歷過。語言傳達得很完整，對方卻顯得不太信任你、不太開放談細節，甚至根本沒把你當成一個能進一步合作的對象。問題可能不在你說了什麼，而是你「沒有說出口的那一部分」── 也就是你的肢體語言。

在溝通心理學領域，有一項經常被引用的理論來自心理學家艾伯特．麥拉賓（Albert Mehrabian）。他在 1970 年代進行了一系列針對「情緒性訊息」的研究，試圖解答一個核心問題：當語言內容與非語言訊號（如語氣、表情、姿態）彼此矛盾時，人們究竟會相信哪一個？

實驗結果顯示，當一個人的語言表述與非語言訊號發生不一致時，接收者更傾向相信語音語調與肢體語言所傳遞的情緒線索。在這樣的前提下，拉賓歸納出一個廣為流傳的比例模型：情緒性訊息的解讀中，有 7%來自語言內容，38%來自聲音語調，55%則來自肢體語言。

然而，這個比例模型也常因簡化而被誤用 —— 它並不適用於所有溝通場景，也不能被解讀為「一般溝通中，語言內容只占 7%的影響力」。拉賓本人在後續著作中也特別澄清：這個模型僅適用於「傳達態度或情緒、且語言與非語言訊號之間出現衝突」的特定互動情境。

即便如此，這項發現仍為人際信任建立提供了極具價值的參考框架。特別是在業務拜訪、顧問式銷售、衝突協商等屬於高情緒敏感度的互動中，聲音語調與身體語言的影響往往更為直接與深遠 —— 因為在語意尚未被理解之前，非語言訊號已經被感知並進入對方的判斷系統。

換言之，若我們希望在一場需要建立信任、觸發好感或降低戒心的對話中，取得較佳的第一印象與互動節奏，那麼語調的真誠、肢體的穩定與眼神的溫度，往往會比字面上的說詞更快、更深刻地影響對方對我們的認知與反應。

肢體語言是一種不經思考就會釋放的訊號。在銷售現場，業務若沒有覺察自己的非語言表現，就很容易讓自己落入「話是對的、感覺卻怪」的溝通斷層。下面這四個常見肢體語言的區塊，是你在每場銷售互動中，都應該刻意檢查與調整的焦點。

眼神接觸：太少是閃避，太多是壓迫

很多業務被訓練要「看著對方講話」，但忽略了眼神也有頻率與韻律。一個穩定的眼神接觸，應該是讓對方感受到你有在聽、有在對焦，而不是對視過久、讓人感到被鎖定。特別是在亞洲文化中，眼神過於銳利會被視為挑釁或不禮貌；而若你在客戶講話時總是看別處，則容易被誤認為缺乏尊重或不夠專心。

高階顧問經常會在會議中以「階段式眼神接觸」來建立信任感：當你講解資料時，盯著對方 3 秒，再移向簡報，再回到對方的表情。這樣的節奏能讓顧客覺得你尊重他，也能給彼此空間。

面部表情：嘴角壓下來，就是在懷疑你

即使你沒有說什麼負面的話語，你的臉也可能正在透露出不安、焦躁、抗拒或退縮。尤其在面部表情上，最容易被顧客讀出來的是「不對勁感」。

曾有業務主管觀察新進員工的會談錄影後發現，一位業務在介紹產品時常常無意識地噘嘴、抿嘴，這讓顧客下意識認為他「對自己所說的內容也不確定」。面部是最容易反映內在情緒的部位，而顧客雖不會刻意分析，但會感受到不協調的氛圍。

在訓練中，有顧問會讓業務練習鏡子前說話，觀察自己的習慣表情，並嘗試設計「中性但穩定的面部配置」：嘴角微微上提、眉毛平緩、眼神聚焦。這不是要你假裝微笑，而是讓你的臉成為一種開放訊號，不讓情緒成為阻力。

手部動作：過多會干擾，過少會封閉

手是人類最自然的輔助說明工具，也是最容易透露內在狀態的區塊。一些業務習慣雙手插在口袋講話，會讓顧客感覺你對這場互動不夠正視；有些人習慣雙臂交叉，則容易給

人「自我保護」的距離感。

相反地，適當的手勢可以幫助強調語意與情緒。例如在介紹關鍵數據時，用手指示畫面、在說明架構時以掌心展開的方式比劃，這些都能輔助顧客理解，也能讓你整體顯得更穩定有節奏。但是需要注意：不要過度揮動、搖晃手指或雙手攤開過大，否則容易讓人感到張揚或不專業。

手部語言的訓練方式可以是：每次簡報或對話後，自行記錄三段你用到手勢的語句，思考它們是否「有節奏感、有說服感、與語意一致」，這樣的練習能幫助你形成穩定的肢體輸出模式。

站姿與距離：你距離多近，決定對方是否放心

坐姿前傾有時代表關注，但過度靠近會讓顧客感到壓力；站姿太直挺會顯得緊張，太放鬆則讓人覺得你不夠在意。身體與對方之間的距離，也直接影響對方是否願意開啟深入對話。

一位負責內部業務訓練的科技公司主管曾分享，他們為了改善新進業務的肢體穩定性，進行了一套非語言行為錄影演練。顧問會在模擬銷售情境中錄下業務與「假客戶」的整

場互動，然後一格格慢速播放畫面，協助業務找出語言與身體之間的「不一致點」。

例如有業務在講解優惠方案時，語言充滿熱情，卻整場雙手交叉胸前；或是在回答疑問時明明語氣穩定，但身體重心明顯往後縮，這些都會讓顧客感受到「不信任感」。錄影回看能讓業務直觀感受到自己當下無意識表現對整體信任建立的干擾。

除了企業內訓，也有個人自主學習的成功案例。一位日本業務新手，曾在實習期間跟隨一位資深前輩拜訪客戶。他被提醒一件事：「你不要只聽他怎麼說，要看他怎麼坐。」這句話讓他開始在每場會議中觀察對方的肢體節奏與變化。他發現：當顧客開始雙腳交叉、雙手不再停留桌上時，通常代表對話開始進入防禦狀態。於是他學會在這個時機點改用問句、降低聲音、讓對話回到開放式探索。這種「感知式調整」讓他在三個月內拿下了第一筆複雜客戶的合作。

這些肢體語言的應用與觀察，並不是「進階技能」，而是銷售者的基礎素養。當你想讓顧客感覺你值得信任，不是靠話術堆疊，而是讓他在每一個動作裡都覺得：「這個人狀態很一致，他是準備好了的。」

也因此，肢體語言從來不是補充性的，而是你說話的延伸版本，是你還沒開口時就已經開始說的那一段話。練習它，是為了讓對方願意留下來，並把你說的每一句話都當成值得聽的訊號。

3. 讓顧客「對你有感覺」，才有溝通的可能

有時候，一場銷售互動中並沒有發生什麼明顯的錯誤。話講得清楚、資料準備完整，流程也照著預設節奏走完了，對方卻從頭到尾始終保持距離，像是心裡裝著一扇門，讓你始終只能站在外面。

在這種場景裡，問題往往不在邏輯，而在感受。不是你說的不對，而是對方「沒有覺得你是他的人」。而這份感覺，是一種在言語底下運作的東西。它來自於節奏、語調、語氣、身體的微調整，以及你整體給人的心理線索。

銷售之所以難，並不只因為要能說服，而是你得先讓對方「願意聽你說話」。在願意打開這道門之前，顧客會根據一件事來初步決定：他對你有沒有感覺。

在社會心理學中，有一種細膩而深具影響力的現象被稱為「鏡映效應」（Mirroring Effect），又稱「行為模仿效應」（Behavioral Mimicry）。這是指，在互動過程中，人們傾向於更喜歡、信任那些在肢體動作、語調節奏、甚至說話速度上與自己相似的人。這種非語言上的同步，往往不是刻意模

仿，而是來自潛意識的社會適應機制。

研究指出，當我們與他人進行面對面互動時，若對方不經意地模仿了我們的一個動作、語氣或微表情，我們會更容易感受到親近與共鳴，甚至不自覺地將對方視為「和我們同一陣線的人」。這種效應在親密關係建立的初期、人際關係的啟動階段、或個體試圖融入團體的情境中尤為明顯，因為這些情境本身就涉及「信任感」與「歸屬感」的快速形成。

鏡映效應的心理基礎來自於人類大腦對「相似性」的偏好。我們的潛意識傾向將「相似」與「熟悉」劃上等號，而熟悉感又能迅速降低防衛機制，提升心理上的接納度。正如心理學中的「熟悉性偏好效應」(mere-exposure effect) 所說，我們越常接觸到某種特質或行為，就越可能對其產生正向感受。這也說明了為何與我們互動節奏相近的人，更容易贏得我們的好感與信任。

對於需要建立人際信任與情緒連結的溝通場合來說，鏡映效應是一項微小卻深具影響力的心理現象。它提醒我們，溝通不只是語言上的說服，也是一場由非語言訊號構築起來的同步舞蹈 —— 而那些不經意的動作與語氣，很可能正是促使對方卸下心防、願意走近你的那一步。

這樣的機制被多次應用在領導溝通、面試心理學與談判策略當中。當一方的語調、語速、甚至呼吸節奏與對方接近時，另一方會更容易產生「對方有聽懂我」、「我們站在一起」的感受。這不只是技巧，而是一種情緒同步的表達方式。

對於業務來說，這類同步感的建立，並不是單純模仿對方每一個動作，而是有意識地調整自己說話與行為的方式，使其逐步與對方「進入同一個節奏區間」。

例如，一位顧客說話語速偏慢、語調平穩，如果業務在對話中表現得特別急促，容易產生「節奏不對」的感受。或者對方習慣用具體情境來說明想法，但你持續以抽象數據來回應，就會讓對方覺得「你沒跟上我說的東西」。

這種落差不會馬上導致拒絕，但會讓「彼此的心理通道」一直無法真正連上。久而久之，即便你說得再好，也只能停留在邊緣的位置，無法被真正當成「可以信賴、可以一起做事的人」。

若我們將這種感受連結的過程具體化，可以拆解為三個階段：

第一階段：察覺對方的語言與行為節奏

你需要判斷的是：

- 他說話的速度快還是慢？
- 用字偏感性還是邏輯？
- 情緒強度高還是穩定壓抑？
- 他喜歡用故事描述、還是用概念闡述？

這些特徵構成了他的「對話頻率」。而你要做的，不是立即切換成完全一樣，而是調整自己原本的節奏，往他的頻率靠近。

第二階段：
調整說話與行為方式，讓對方不感到突兀

常見的同步方式包括：

- 將語速略為放慢，貼近對方的語言節奏
- 使用對方慣用的詞彙結構（如對方常說「我們比較在意流程感」，你也用「流程感」而非「效率」來描述）

- 模仿對方使用的比喻方式（如對方提到「像建房子那樣一步步來」，你回應「對，我們這邊的邏輯也是希望能把每一層打好基礎」）

這些行為並不是討好，而是讓對方感覺「你懂我的語言」，進而願意將更多內部訊息開放給你。

第三階段：建立情感一致性，讓語言、姿態與情緒同向發展

所謂情感一致性，指的是你在互動中呈現出的「整體訊號」是否彼此協調。例如：

- 你語言說得很友善，但臉部表情緊張，會讓人感覺你在隱藏什麼
- 你語速很慢，但手勢激烈，容易讓人感到你想掩飾焦躁
- 你說「這沒壓力」，但語調上揚、聲音略高，反而讓人覺得你想推進

這些訊號的不一致，都會被顧客潛意識地接收，成為一種「這人不完全坦誠」的感知線索。

要做到情感一致，關鍵在於：讓你表現出來的每一個行為，都與你想要傳達的情緒目標是一致的。這是一種內在對齊的訓練。

一位曾任職於日系車廠的業務顧問分享過他的經驗。有一次他在展示會上接待一位中年顧客，對方明顯態度保留、言詞寡淡，但走近某一款車時眼神停留了幾秒。他並未馬上介紹，而是靜靜站在一旁，等對方自己開口。

等到對方說出「這個感覺比較穩重」時，他才用略慢的語調回：「對，這款車就是給比較重視安全感與安靜駕駛感的人準備的。」他一邊說話，一邊將站姿從斜側調整為與顧客平行，手勢也由開展改為收攏。對方聽完，點頭，第一次主動問了一句：「這臺有幾種內裝可以選？」

他說，那場互動真正轉折的關鍵不是產品，也不是解說，而是他在那一刻「讓自己看起來像一個可以理解對方感受的人」。

顧客之所以會產生信任感，是因為他感受到你與他的心理節奏是在靠近的。他可能無法解釋為什麼喜歡你，但他會說：「他讓我感覺比較安心。」

這樣的「感覺對了」，便是同步感的建構。它不是仿效，也非迎合，而是調整自己站的位置，讓自己出現在對方心理圖像裡的那個「熟悉位置」。

為了幫助你在實務上更有意識地建立這種感覺連結，以下是三組你可以練習的日常同步技巧：

- 語速對位法：與不同客戶對話時，每 5 分鐘觀察一次彼此語速是否差距太大，適時調整
- 詞彙呼應法：記錄對方常用的詞彙（例如「效率」、「穩定」、「安全感」），並在回應時選用相近概念，讓語言風格接近
- 情緒呼應語句：例如「我聽起來你們最近在流程壓力上比較高，我們可以先從你們最有把握的區塊開始談」這類句型，能讓對方感覺你真的在聽他說話

最重要的，是你要把自己放進顧客的心理預設畫面中。對方需要看到的是：你不是一個外來說客，而是一個可以理解他步調、跟得上他心思、讓他願意鬆口的人。

而你整場對話的語速、用詞、眼神與情緒節奏，就是你給他的那張邀請函。

九、專業是一種準備：個人品牌與持續精進

1. 專業不是會很多，而是能持續給出好答案

在銷售現場中，最令人敬佩的業務，往往不是那種什麼都會、什麼都敢說的人，而是總能在顧客提問時，給出一句準確、有深度、又能引發信任的回應。他們的答案聽起來不花俏，卻能讓對方當場點頭，或者願意把內部資訊再多透露一點。

這種「能夠給出好答案」的能力，從來不是靠記憶力，也不是靠話術，而是靠長期準備與穩定的累積。

在心理學研究中，有一項針對「能力與自我評價偏差」的著名現象，被稱為「達克效應」(Dunning-Kruger Effect)。這一理論由美國心理學家大衛．鄧寧 (David Dunning) 與賈斯汀．克魯格 (Justin Kruger) 於 1999 年提出，揭示了人們在學習與發展初期，常因對知識掌握有限，反而對自身能力過度自信。

這項效應的核心在於：缺乏能力本身，會限制人正確認知自己無能的能力。當人處於知識尚淺的階段，因尚未建立足夠的判斷標準與參照框架，容易高估自己在某領域的理解

深度與操作熟練度。然而，隨著學習深化，視野拓寬，個體開始意識到該領域的複雜性與自身不足，自信心反而會明顯下降。在這樣的過程中，真正的專業者逐漸養成一種穩定、務實的自我評估邏輯，並能做出更精確的判斷與回應。

這項發現不僅揭示了人類判斷系統的某種偏誤，也對教育、訓練、職場管理帶來深刻啟發。它提醒我們：能力的提升，並不總是伴隨自信的成長；而謙遜與反思，往往才是專業的起點。唯有意識到自己不知道什麼的人，才真正具備往前探索的能力與動力。

這點在銷售場域的差異表現尤為明顯。一個剛入行的新手業務，可能因為參加了幾場訓練，掌握幾組話術與銷售模型，就在提案時「講得很有自信」；但在對方多問兩個環節時，他便開始卡頓、用模糊語言掩飾，甚至給出錯誤資訊。

而一個成熟的業務，反而會在不確定時坦白說：「這個我不確定，但我可以問我們內部的技術顧問後回覆您。」因為他知道，顧客要的不是萬事通，而是可信賴的對話節奏。他們衡量的不是你會多少，而是你能不能給出「可靠」的反應。

專業，是「準備過的結果」。真正的信任，來自你過去的學習軌跡，在關鍵時刻，能不能轉化成一段話、一個建議、一句不誤導的說明。也因此，若我們想要成為專業型業務，就需要擁有一套能持續準備、逐步累積的系統。這不只是學習的問題，更是輸出與反覆精煉的過程。

一種實用的做法是：建立「複利式學習模型」。

複利這個概念原本來自財務，但其實同樣適用於知識與專業的養成。你不需要每天投入大量時間學習新東西，而是要設計出一種「知識會自己累積」的節奏。

這個模型可以拆成三個元素：

(1) 固定主題輸入：選擇3～5個與你工作高度相關的主題，長期追蹤，不斷補充，而不是什麼熱門就看什麼。這樣才能讓知識變成體系，而不是資訊堆疊。

(2) 每週一次回顧：安排每週30分鐘，快速回顧這些主題中你最近看到的資訊，記錄下自己的理解、未解的疑問、可以內部分享的切點。

(3) 定期輸出練習：可以是簡報、口頭說明、內部對話、社群貼文等。關鍵在於「讓自己說一次」，這會幫助你檢查理解是否扎實。

在一間跨國軟體服務公司中，有一個被內部視為「最有影響力但話不多」的資深業務。他的習慣是：每週五下午留30分鐘，在Slack群組中發一則短文，分享他對某個產業趨勢、用戶需求模式或解法優化的觀察。每次篇幅都不長，卻總能引發其他同仁留言討論，甚至有客戶在後續提案會議中主動提及「你們前幾週提到的那個觀點，我們也觀察到」。

他沒有花大量時間製作簡報，也沒有主動「發言」，而是靠著穩定輸出，讓大家開始認定：「他是那個知道趨勢、說得出好話的人」。

這類分享的價值，在於它不是炫技，而是建立「你說的話可靠」的心理預設。當你持續分享、持續回顧，對方會覺得：「他對這塊有觀察，有想法，有脈絡」，而不是只會轉貼資料、複製講義。

另一位顧問型業務，也建立了自己的知識養成系統。他主要服務科技、醫療與教育三個產業，並不是每個領域都深入技術細節，但他每月會選擇其中一個產業做深度追蹤，閱讀相關報導、參與線上論壇或研討會，接著寫成一頁簡報筆記，在與客戶互動時用來補充觀點。

他的目標不是要讓自己成為產業專家，而是要在客戶提到某個議題時，自己能夠給出一段「夠用又有觀點」的分析。這樣的能力，後來讓他被許多客戶稱為「業界觀點代表人」，甚至在提案前就被邀請參與需求探索。

信任，是靠「每次出場都有好好準備過」這件事，一次一次累積來的。

專業並不是「你會很多」，而是當人們問你一件事時，你能說出一段讓人信服、讓人繼續聽下去的話。而這段話，便是你過去所有準備與整理的總和。

當顧客覺得你說得夠好，背後代表的是：你準備得夠深。

這也是為什麼，我們需要理解「專業回應」本身也有層次之分。當顧客問出一個問題時，你回應的品質，往往決定他對你專業判斷的基準。在實務現場中，我們可以將回答的成熟度區分為三個層次：

(1) 資料轉述型：這是新手最常落入的層次，當顧客問起某個產品的功能或條件時，業務便照本宣科地重述產品手冊內容。這種回答通常無法建立太多信任，因為它不具備客製化，也讓對方覺得你只是傳聲筒。

(2) 邏輯統整型：當業務能夠從產品特色切入，串聯客戶的背景與使用情境，並且提出比較、風險或效益分析時，顧客會感受到你有一定理解能力。這種回答能構成決策支持，也比較容易讓人願意繼續討論。

(3) 觀點引導型：最成熟的業務，能夠不直接「告訴你答案」，而是設計提問與觀點，讓顧客從自己的問題中釐清選擇邏輯。這類回答往往不是技術性最強，而是心理接力做得最到位。顧客會覺得「你幫我看清楚了我的選擇困境」。

舉例來說，當顧客問「你們這功能有什麼用？」——

- 新手會說：「它可以讓你把數據同步到雲端。」
- 進階者會說：「這功能主要是在處理部門間的數據協作，目前我們看到大多企業在報表流程會遇到跨部門不同版本的困擾。」
- 高階者則會說：「就您的流程，我猜這功能可能不是最核心，但如果你們未來需要進入自動化流程，這個設計可能會變成主幹。」

你給出的回答，不只是內容本身，更是顧客感知你「準備度」與「應變力」的依據。

如果我們要把這種回應力穩定培養出來，就得設計出一套具節奏性的學習與回顧架構。前面提到的「複利式學習系統」，其中一個核心，就是「知識回顧週期」的建立。

這裡提供一套常用的「5×1 回顧法」筆記設計，幫助你更有結構地累積專業語言：

- 每週選定 1 個固定主題（如：定價策略、採購流程、競品比較等）
- 每次回顧時記下：

(1) 一個新觀點（來自報導、客戶對話或論壇）
(2) 一組對照差異（例如兩種說法背後的假設不同）

(3) 一個客戶問題（你最近聽到的問句）

(4) 一個你的回答（你當時怎麼答的，是否足夠）

(5) 一句觀點句（若你今天被問，你想怎麼表達）

這樣的筆記不需要精緻，但必須真實。累積幾週後，你會發現自己在會議中回應更快、句子更完整，最重要的是 —— 你有話可說。

此外，還有一項經驗常被忽略：知道何時該說「不知道」，也是專業的一部分。

一位新手業務分享過他的失敗經驗。有次他遇到客戶問到一項他不熟的功能，為了維持自己的「專業形象」，他當場編了一個看似合理的說法。當時客戶沒再追問，但兩週後對方在內部試用時發現資訊錯誤，最終不但失去合作機會，還影響了客戶對品牌的整體信任感。

同一場會議中，資深業務反而用一句話擋住了風險。他說：「這題我沒把握，我回去確認後再補給您一個文件說明，可以嗎？」結果客戶不但接受，還說：「你這樣反而讓我放心。」

這是專業的另一面 —— 你知道哪裡是你不熟的邊界，而你願意停在邊界前，不誤導、不亂說、不裝懂。這樣做的目的是為了保護彼此的合作安全感。

2. 打造你這個人，就是品牌的開始

在每一場工作現場中，總有那麼幾個人，不需要自我介紹，就能讓人記住他是誰。不是因為外表，也不是因為名片頭銜，而是因為他身上的「某種特徵」讓你對他有了具體印象。你知道這個人懂產業趨勢，或者擅長做決策建議，或者特別在意細節流程。你甚至能想像，若將來某個案子遇到這方面的問題，你可能第一個想問他。

這就是個人品牌的力量。

品牌不是形象照，也不是社群操作的技巧，而是當別人提到你的時候，腦中浮現的那句話。那句話可能是：「他講話很有邏輯」、「她對這一行很有看法」、「你問他這個，他一定能給你方向」。而這句話，是所有互動的結果，是你長期行動、語言、反應所累積出來的一種總結印象。

早在 1997 年，管理學者湯姆．彼得斯（Tom Peters）便在《快公司》（*Fast Company*）雜誌發表了一篇文章〈*The Brand Called You*〉，首次正式提出「個人品牌」（Personal Branding）的概念。他指出，在資訊爆炸、競爭激烈的時代，每個人都必須是自己的品牌經理。你不再只是組織架構中的一個功能性角色，而是必須主動思考：人們為什麼會記住你？信任你？願意推薦你？

彼得斯強調，個人品牌並不是一句標語，也不是一場包裝，而是一種清晰可感的價值記號。你呈現出什麼特質，別人就如何記得你；你能持續處理什麼問題，別人就願意將那類挑戰交給你。這不只是表現力的管理，更是一種角色認知與外部感知之間的同步協商。

這樣的思維，與其說是自我行銷，不如說是一種對「他人如何定義我們專業價值」的主動設計。若你希望成為值得合作的對象，並非要讓所有人都認識你，而是讓需要你的人，能夠在第一時間想起你，並清楚知道：你，能解決什麼問題。

要做到這一點，品牌經營不能只靠表現力，更需要結構感。以下是個人品牌三個核心結構，也是多數成功專業人士都有意識持續維持的三件事：

一、明確定位：你幫人處理什麼問題？

品牌要能被記得，前提是你在解決某一類問題時具代表性。這代表你不能什麼都做，也不能什麼都說一點。人們只能記得那些「與特定困境連結的人」，而不是那些「什麼都會一點的人」。

定位的第一步，就是用一句話說出你的核心角色，例如：「我專門協助製造業內部流程優化」、「我幫中型企業制定跨平臺廣告策略」、「我是針對首購族的地產顧問」。這些句子不需要炫技，但要具備辨識度。

最怕的回答是：「我都可以啊，看你要做什麼。」這種回答最終只會讓人忘了你。因為沒人會記住一個沒有輪廓的人。

二、一致風格：說話、行動與回應方式要讓人覺得「他就是那樣」

當你面對顧客時，是不是每一次都用差不多的語氣和節奏回應？你的文字語言、簡報結構、開場語和收尾句，有沒有逐漸形塑出一種風格？風格並不是包裝，而是一種長期行為慣性的外顯樣貌。

人們信任什麼？信任那些在各種情境下表現一致的人。因為一致，代表你不容易被情緒或環境動搖；一致，也讓對方能更快預測你的反應、放心交辦事務。

一致性不是呆板，而是有原則地穩定。是即使換一種說法、處理不同類型客戶，別人依然能感受到：「這是你。」

三、信任累積：別人有辦法為你背書嗎？

專業品牌最終的認證，不是你怎麼說自己，而是別人怎麼說你。這包含三種形式：

- 顧客推薦語：真實使用者、合作對象、案主對你的描述
- 可驗證的成績：你做過哪些事情、處理過哪些案子、協助達成什麼效果
- 社群或圈內對話出現率：別人是否會在沒有你在場時提起你？你在行業之間是否「可被提起」？

一位原本在國際顧問公司擔任策略分析師的專業人士，在轉型為市場導向型講師後，選擇以 LinkedIn 為主要平臺經營個人觀點。他沒有鋪天蓋地行銷自己，也沒有製作華麗履歷影片，而是每週選定一個主題，針對他擅長的三個產業：零售科技、組織變革、品牌策略，各寫一則觀察分析，並整理成具觀點的摘要貼文。

起初沒有人太在意，但隨著他的內容越寫越深，有幾位

過去合作過的企業主管開始轉貼他的文章，並留言說：「這就是我們當時沒做好的那一塊」、「他講的這個是精準的」。慢慢地，他的帳號開始吸引來自未曾接觸過的客戶主動詢問，甚至被邀請參加論壇與閉門分享。

他的內容沒有誇張成績，也沒有晒客戶名稱，但因為長期一致，讓別人知道：「這個人對產業有觀點、有系統，講出來的話有參考價值。」

品牌，不是他設計出來的，而是他的文字與語氣所累積出來的印象。

也有一位房仲業務從一開始就設定明確目標：「我想幫首購族安心買到房。」這句話不是為了好聽，而是他自己在年輕時買房時吃過太多苦，對那些資訊不對稱與話術感到反感。

於是他在每一次接待過程中，從講解順序、到合約條款、到可能的價格盲點，全部設計成「安心流程」的語言。他建立了 LINE 社群，固定每週分享一個「買房不踩雷提醒」，並在客戶成交後邀請對方分享「當初最不懂的地方」。這些留言，慢慢地形成了他的「二度接觸圈」，不少人是透過朋友推薦「有一個業務真的不會騙你，會講清楚」，才開始與他聯絡。

他沒有花錢打廣告，也沒有參加大型仲介比賽，但在他所在區域，許多首購族只要講到「第一次買房」，就會有人提到他。

這就是品牌的本質 —— 不是你去說自己多厲害，而是別人覺得「你就是處理這種事的那個人」。

如果你希望自己在客戶心中留下明確的品牌印象，不妨從以下幾個問題開始自我檢查：

- 我現在的工作角色，解決了什麼類型的問題？
- 我的說話風格、應對方式，有什麼一貫的特色？
- 最近三次合作結束後，有人主動轉介紹我嗎？他們會怎麼形容我？

如果這三題你還答不清楚，那麼你現在的品牌可能還在模糊地帶。不是沒價值，而是還不夠具體，還無法被他人精準提起。

最後要提醒的是：個人品牌不是目標，而是結果。不是你去設定「我要成為什麼形象」，而是你在日復一日的工作行動中，逐步累積出來的角色定位感受。它是旁觀者對你的經驗總結，是你自己的一致選擇與回應累積。

如果你每天說話都很有條理、每週都有產業觀點可分享、每次合作都讓對方放心，那麼即使你沒有刻意經營，別人也會逐漸為你貼上：「那個人有在思考、有標準、可以信賴」的標籤。

那就是你的品牌。它不是你發布出來的，而是別人幫你說出來的。

3. 成長是設計一套長久的精進系統

很多人對專業成長的想像，是一種「頓悟式」或「爆發型」的模式：聽完一場演講、讀完一本書，或做完一個案子，就突然懂了、會了、變強了。但實際上，真正長期穩定成長的專業者，靠的從來不是一兩次的衝刺，而是他每天怎麼做事、每週怎麼安排學習、每月如何整理輸出，年復一年。

這樣的節奏並不浪漫，甚至看起來平凡。相較於「三個月進修認證、半年快速轉職」這類主打爆發力的成長敘事，真正能夠撐起一段專業職涯的學習機制，反而低調、穩定、難以炫耀。

一位曾經在培訓課後主動找我聊的業務說得很直白。他剛進入一家新創公司，覺得自己的專業不足，便為自己訂下了一個很硬的計畫：「每週讀完一本書，每天至少寫 500 字心得，以及每個月主動辦一場內部小型知識分享。」頭一週還有點興奮感，到了第二週就開始漏掉進度，第三週開始懷疑自己：「我是不是不夠自律？是不是天分不足？」他把問題全歸咎在自己身上，沒想過，其實問題不是他懶，而是他的成長機制根本無法持續——沒有緩衝、沒有回饋、沒有真正對應到他的工作現場。

這正是為什麼，學習不能只靠意志力，它需要系統。

在《習慣的力量》（*The Power of Habit*）一書中，查爾斯·杜希格（Charles Duhigg）提出了著名的「習慣迴路」（Habit Loop）概念。他認為，任何一項穩定且持續的行為背後，幾乎都遵循著同樣的三段式機制：提示（Cue）－行為（Routine）－回饋（Reward）。當一個行為被反覆建立在固定的出現時機與可預期的獎賞之上，它便會逐漸從需要刻意思考的選項，轉化為不假思索的慣性選擇。

杜希格指出，真正的行為改變並不在於意志力的強弱，而是能否調整這三個要素的組合。如果你能刻意設計一個正確的「提示」，並讓行為本身或其後果帶來實質的「回饋」，那麼這個行為便更有可能內建化為生活的一部分，不再依賴外部推動力才能執行。

這套機制也可以應用於個人的專業精進歷程上。若我們總是把學習與成長視為「臨時性進修」——需要刻意排開時間、動員意志力、與日常生活脫節的特別任務——那麼這樣的行動很難持續。然而，一旦你能將學習內嵌進日常節奏中，讓它擁有明確的啟動情境與心理上的正向回饋，它便有可能穩定地留在生活裡，成為你自動會去做的事情。

真正能帶來深層改變的，不是那幾次激情澎湃的自我要求，而是那些看起來「沒什麼特別」，卻日日重現、逐漸累積的慣性選擇。而這些習慣，正是透過你替自己設計的提示與回饋，一點一滴養成的。

以下是一套可以實作的專業精進四層系統，來自高效工作者的實務節奏觀察與歸納：

第一層：
日常習慣化學習（Daily Micro Input）

不需要每天大量輸入，只需要規律性的補充。像是：

- 每天早上花 10 分鐘讀一篇產業新聞
- 每週固定在通勤時收聽一集與專業相關的 Podcast
- 用待辦清單工具記下今天聽到的一句觀點

重點不是知識量，而是「讓自己每天都跟專業有所連結」。這會讓你的大腦始終保有對這份職業的感知熱度，而不是只在要提案時才開始臨時抱佛腳。

第二層：
問題導向深度學習（Problem-driven Study）

不是什麼都學，而是有意識地針對自己最近最常被問、最困擾的問題設計學習任務。例如：

- 近期客戶常問「這功能與競品差異是什麼？」
- 主管常追問「這提案的 ROI 能證明嗎？」

那你就設定一週學習一個關鍵議題，整理三則對照資料、兩段數據引用與一頁觀點摘要。這種問題導向的深度學習，比起漫無目的的閱讀，更容易留下結構，也更快轉換成可用語言。

第三層：
知識轉化實作（Practice & Modeling）

讀懂不代表會用，記得不代表說得出來。你需要練習把學來的東西「變成你自己的說法」。最簡單的方式就是：

- 每週挑一個觀點，在同事討論中用自己的話說一次

- 找機會在與客戶互動時簡短帶入
- 設計一份簡報、圖卡或社群貼文，用你的視角重述概念

當知識變成你能「交付」的內容，才代表你真的學進來了。

第四層：成果外部化與反饋（Output & Feedback）

成長的加速，來自輸出與修正。寫下來、講出來、問出去。這些動作會讓你開始獲得回饋，而回饋會倒逼你思考、再進化。

- 每月寫一篇產業觀點貼文，觀察讀者反應
- 每季準備一次內部小分享，主題不限，但要有觀點
- 每年建立一個小規模的資料庫，把你累積的知識做整理，哪怕只有給自己用

這些動作的重點是讓你開始意識到：你在變成什麼樣的人。

某家跨國科技公司的業務團隊，曾建立一項制度：每季

一次，由各區域小組自選一項「未達標案」進行拆解分析。這場會議不以懲罰為目的，而是聚焦於：

- 哪個判斷錯誤造成了決策偏移？
- 是否某個假設沒經驗證就採納？
- 溝通節點有無錯過什麼訊號？

每次分享後，由其他組提出三個延伸提問，原分享人需在兩週內提供簡短回覆與修正版本。這不只是錯誤檢討，而是知識外化的制度化。後來這套制度被其他區域複製，變成該企業內部知識沉澱的核心動能。

再說那位資深顧問的故事。他原本沒有特別計劃過「打造品牌」，只是覺得自己年資越長、合作對象越複雜，如果不建立一套知識更新與反思系統，很容易變成靠慣性處理問題的人。他為自己設計的「52 週主題學習計畫」看起來簡單：一年 52 週，每週一個小主題。但他不是隨便選，而是先根據過去三年接觸過的案型，將問題歸類為八大領域，再從中拆解出具體情境（例如：「如何在跨部門會議中收斂決策」、「如何引導無明確需求的客戶進入選擇階段」）。

每週的任務只包含三件事：閱讀一篇觀點文章、做一張問題筆記、嘗試在一次對話中使用新語言框架。他不對外公告這件事，只是在年度尾聲時，整理出這 52 個主題的摘要，每題一張投影片，一頁紙一個問題、三種處理方式。年底，他用這套投影片做了一場「送給自己的簡報發表」，地點不是什麼大型會議，而是邀請他熟識的幾位客戶來一場非正式的早餐會。那場會後，他沒有被稱讚「你真強」，但是被一位企業負責人記住：「你這樣準備，是真的把這份工作當成終身學習在經營的人。」

他後來的案子，很多都來自那場發表會的旁聽者或轉介紹。這是因為別人看見了：這個人會持續進化，並且有系統地走在專業路上。

當然，這樣的設計，不會立刻讓你變強。它不會在兩週內讓你獲得升遷，也不會在下個月保證業績翻倍。但是它會在半年後讓你說話更有邏輯、回應更有層次、提案更能說服人。它會讓你在面對不熟的問題時，不慌張，而是自然轉向：「這我最近研究過的」，或「我有整理過一份資料，或許可以參考」。

最重要的是，這樣的系統會慢慢形塑你的職業角色感。你不再只是「一個努力的業務」，而是成為「一個持續累積觀點的人」、「一個能讓人學到東西的合作對象」、「一個別人可以問事的存在」。

這就是長期成長的真正回報：它不是你跑多快，而是你知道自己正走在什麼樣的路上，並且有能力走得久、走得穩、走得讓人信任。

當學習這件事不再是補救、強迫或焦慮，而是變成你每週的慣性動作，那你就真正進入了「自我驅動型成長」的狀態。從此以後，外在變化、環境壓力、流行工具都不會輕易動搖你，因為你早已具備內部節奏、可持續輸出的專業養成力。

你不再需要一次次拚命證明自己，而是慢慢讓別人看見：你每天的樣子，就是最穩定的證明。

十、冠軍之路：整合策略與行動落實

1. 從知道到做到：建立你的行動架構

我們都曾有過這樣的時刻：上完一堂課，覺得內容很棒，筆記也寫得密密麻麻；看完一本書，滿腔熱血地下定決心要改變什麼；參加完一場講座，覺得收穫滿滿，當下信心十足。但是幾天、幾週甚至幾個月過去，當初記下的那些關鍵句，似乎都沒能真正轉換成具體行動。想做的事沒有開始、該改變的流程還是照舊，自己也說不出到底是什麼卡住了。

這種「知行落差」，其實不是因為我們懶惰，也不代表我們不夠積極。更多時候，是因為我們在行動前，缺了一塊設計圖。

你可能知道該做什麼，但不知道「怎麼開始做」；你可能知道某個做法比較有效，但在實際情境中卻總是選擇老方法；你也可能知道哪裡要調整，但一面拖延一面責怪自己。

這不是意志力的問題，而是「行動設計」沒跟上認知。

心理學家彼得．戈爾維策（Peter Gollwitzer）在 1999 年提出「實踐意圖理論」（Implementation Intentions），為目標

行為的落實提供了一種簡潔卻極具效果的心理模型。他指出，許多人無法如願採取行動，並非因為缺乏動機，而是缺乏一套能將動機轉化為具體行動的「觸發機制」。

這項理論的核心在於：將模糊的意圖語句——像是「我應該多運動」或「我打算回覆客戶」——具體轉化為清楚的行動計畫句式。戈爾維策建議採用「如果發生 X，就執行 Y」（if–then plan）的格式，讓行為與情境產生明確的連結，進而提升執行的自動性與穩定性。

舉例來說，與其說「我這週要開始整理客戶回饋資料」，不如具體規劃為：「每天下班前 20 分鐘打開 CRM 系統，記下一句今天從客戶那裡聽到的痛點描述」。這樣的計畫，明確指向了執行的時間、環境與動作，是一種典型的實踐意圖。

實踐意圖的力量，在於它不倚賴當下的情緒狀態或意志強度，而是讓行為變成對特定情境的自然反應——行動不再是一種選擇，而是一種預先設定好的觸發式反應。這種結構化的設計，能有效縮短目標與行動之間的距離，尤其在面對分心、拖延或資源限制等挑戰時，顯得特別實用。

對於任何希望建立持續習慣、提升執行力的人來說，實踐意圖提供了一種簡單而可操作的思考模式。它不僅讓「我要做到」更有可能轉化為「我確實做到」，更提醒我們：真正有用的目標設計，不只是激發動機，而是讓行動變得無需思考就能開始。

若我們想要建立屬於自己的「行動架構」，就需要一套清晰又簡單的行動設計流程。以下是三個常見且實用的工具：

一、行動對應圖：讓目標變成可以開始的動作

這是一張圖表，將一個模糊意圖拆解為三個層級：

意圖	情境提示	對應行動
強化顧客信任	客戶詢問使用案例	回答前先講一段類似產業的實際故事
提升內部同步效率	每週一團隊會議後	設一則 Slack 訊息整理會議重點與交辦事項
穩定產業資訊更新	每天早上通勤時	聽 Podcast 或讀一篇業界新聞摘要

這樣的設計，重點不是多，而是「針對日常出現的高頻情境，有明確的動作安排」，讓行為不再卡在選項裡。

二、情境預演語句：讓你的大腦預知可能發生什麼

根據戈爾維策的研究，人在面對已經模擬過的情境時，更能啟動行動反應。預演語句的模板如下：

「如果我遇到 X（可能阻礙或情境），我就會 Y（應對方案）」

例如：

- 如果今天下午的會議氣氛偏冷，我就改用問句開場
- 如果我開始拖延寫簡報，我就換場地、去咖啡廳繼續做
- 如果我感覺自己不想做某件事，我就先設定一個 5 分鐘的計時器

這樣的語句會在你遇到情境時自動浮現，幫助你減少「糾結該不該做」的耗能。

三、障礙預備表：為常見阻力提早設想解方

將你最常卡住的行為寫下來，並針對「阻力類型」設定預備策略。常見阻力如：

- 沒時間 → 預設時間縮短法（5 分鐘也算做過）
- 沒動力 → 換環境、用「先做一點點」方式啟動
- 不知道怎麼做 → 預先準備範本或參考模板

這張表放在你的工作桌前或手機備忘錄中，每次當你又陷入遲疑或拖延時，它可以幫你從思緒中抽離，直接進入行動軌道。

為了讓這樣的設計在團隊中得以落實，有些企業建立了制度化的行動轉化機制。以美國一家金融服務公司為例，他們在新進業務培訓期間不再單靠產品訓練或話術模擬，而是加入了一項核心實作工具：「銷售實踐日誌」。

這份日誌不要求詳細記錄每一次對話，而是聚焦於三件事：

- 今天我觀察到什麼客戶的反應？
- 我有嘗試哪些新的說法或策略？

◈ 有哪一句話讓對話出現改變？

這樣的記錄方式鼓勵新手業務在每天的現場中找出「行動與結果」的連結，而不是只是交差式地完成拜訪數。主管每週會挑幾份日誌進行一對一回饋，幫助業務建立出屬於自己的「行動－反思－修正」迴路。這樣的制度讓許多原本習慣聽指令的業務，開始擁有自己的觀察與選擇權，也逐漸能從「聽話照做」轉化為「主動調整」。

另一位保健食品銷售顧問，則分享了他從「晃盪式銷售」走向「流程化對話」的過程。

他說，早期自己總是照氣氛說話，對每一位顧客的介紹都不同，雖然靈活，卻很難複製。某次在一場大型展售會中，他看到隔壁攤位的業務每次開場、遞資料、問問題的流程幾乎一模一樣，卻總是能在短時間內達成信任感。這讓他開始意識到：「重複，不代表無趣；流程，也不等於沒感情。」

於是他開始練習將自己的對話分成三段劇本：開場破冰句、功能介紹句、轉單問句。每一段他都設計 2 ～ 3 種變化，用來對應不同顧客類型。他說：「這樣一來，我不是每次都要從零開始，而是從一套已準備好的對話架構中，選擇適合的版本。」

後來他將這套架構寫成簡報，也用在訓練新人身上。更重要的是，他自己在壓力大或專注力不足時，能靠這套架構維持穩定輸出。這種穩定性，讓他的轉換率在疫情後大幅提升，也讓他成為團隊裡第一個被客戶主動指定合作的顧問。

真正高效的行動架構，不是你想清楚後才開始，而是你設計好了，就會開始。

最後，如果你希望為自己建立一套行動機制，不妨從以下三步開始：

(1) 列出你最常猶豫的三個「知道但沒做」的項目

(2) 為每個項目寫一個「情境對應句」：當 X 發生，我就做 Y

(3) 在一週內測試這三句話是否有幫助，然後做出微調，加入日常工作規律中

你不需要從第一天就把自己變成高執行力的人，你只需要在每天最容易卡住的時候，有一個「能帶你動起來的語句」。這就是從知道走向做到的開端。不是靠壓力，也不是靠他人催促，而是靠你為自己預先鋪好的行動路徑。

當這條路走久了，你會發現：你變得比以前更能啟動、更少卡住，也更相信自己的動作是有方向、有設計的。這不只是執行力的提升，更是一種「自己可以帶著自己前進」的感覺。

那是一個真正專業行動者的內在起點。

2. 行動不靠意志力，而靠機制設計

在職場中，我們常聽見這樣的自我批評：「我就是太沒自律了」、「我總是三分鐘熱度」、「我寫了計畫卻做不到」。但如果你仔細觀察那些真正穩定執行、產出穩定的人，你會發現，他們未必比你有更強的意志力，而是他們有一套「讓行動自然發生的機制」。

這正是行為設計學的核心觀點之一。來自斯坦福大學的行為科學家 B·J· 福格（BJ Fogg），在其著作《微習慣的力量》（*Tiny Habits*）中系統化提出了「福格行為模型」（Fogg Behavior Model），用以解釋人們在日常生活中如何產生，或為何無法產生特定行為。

根據這個模型，一個行為的發生，取決於三個條件是否同時具備：動機（Motivation）、能力（Ability）與觸發點（Trigger）。換句話說，你之所以沒能做成一件事，未必是因為你不想做，還可能是因為以下任一環節出了問題：

- 你其實沒有足夠的動機（你還沒真正理解這件事對你的價值）

- 這件事對你來說太困難（技能不足，或行動設計太複雜）
- 缺乏一個明確的觸發點（沒有在正確的時機被提醒去做）

只要這三項中有任一缺漏，行為便很難自然發生。而當這三個條件交會時，即便是極微小的改變，也能形成長期穩定的行動模式。

福格模型的重要性，不僅在於它提供了一種理解人類行為的邏輯結構，更在於它將行動從「性格或意志力的問題」拉回到「設計條件的問題」。它讓我們不再將無法執行視為個人的失敗，而是理解為設計尚未優化的結果。

換個角度看，這套模型提醒我們：要促進改變，不必從說服自己「更有動力」開始，而是從設計一個更容易做出反應的行為環境開始。與其壓迫自己要變得更自律，不如問自己：我是否讓這個行為變得夠容易？我是否在正確時機收到啟動它的提示？

如果你曾經感到：「我明明知道應該……但就是做不到」，那你需要的，可能不是再寫一份待辦清單，而是從以下三個層面重新設計你的行動機制。

一、調整動機：讓事情與價值連結

當你對一項任務沒有情感上的連結，它就容易被推遲。這不是因為你懶，而是因為這個行動在你的內在地圖中沒有明確位置。

舉例來說，「每週做一次銷售回顧」這件事，若只是被交辦下來，很多人就會「等有空再做」；但如果你重新定義它為：「這是我累積可傳承知識的基礎動作」，那麼它在你心中的重要性就會上升。

有效的動機重構，不一定要靠「熱情」，而是讓任務與更長期的職業目標連結，例如：

- 我做這件事，是為了讓自己說得出業界觀點
- 我整理這些資料，是為了未來可以教給別人
- 我每週輸出一則貼文，是為了讓自己能被記得是什麼角色

動機不是加強情緒，而是賦予意義。

二、降低行動門檻：讓任務變簡單、變輕鬆

很多人開始不了，是因為行動設計太重。你寫下「準備完整提案」，這太大了；如果你改寫為「列出提案大綱的三個問題句」，你更可能會開始。

福格強調：「成功行為的重點不在於規模，而在於是否容易啟動。」

這裡有幾種「降低任務摩擦」的方法：

- 時間縮短法：從「做一小時簡報」改為「打開簡報檔，新增一頁」
- 資源預設法：把常用資料存在固定資料夾，讓啟動行為的「搜尋成本」變低
- 情境合併法：把你要做的行為「嵌入」你已經有的習慣中，例如：泡咖啡時看一則新聞、會議結束馬上記下三句紀錄

當行動變簡單，你的身體自然會開始動。

三、設定觸發點：在正確時間、空間、心理狀態下引發動作

再高的動機與能力，若沒有一個好的觸發機制，也容易落空。

有效的觸發點可以分成三種類型：

- 時間型：如「每週五下午四點做一週回顧」
- 空間型：如「坐在辦公桌時就是要寫報告」
- 心理型：如「當我感覺焦慮時，就先寫下我怕什麼」

你可以透過「如果……那麼……」的句式來建立觸發句，例如：

- 如果我吃完午餐，我就寫下今天上午學到的一件事
- 如果我今天回完五封信，我就更新一次任務進度表
- 如果我發現自己分心，我就起來走三分鐘、重設當下要完成的任務名稱

這些語句的威力，在於它讓行動與日常生活自然接軌，而非「等我有時間、等我有心情」才做。

有了行為設計的理論後，關鍵在於如何「在生活中實作

出來」。以下是三種實作架構，能幫助你建立起可維持、可修正、可擴展的行動機制。

1. 自我追蹤：用「一句話紀錄」鞏固行動意識

最簡單的方式，是每天結束前，寫下「我今天做對了哪一個動作」。

這句話可以是：

- 今天有主動提了一個改進建議
- 今天有花 10 分鐘準備明天的會議
- 今天第一次用新提問句法試著與客戶互動

你不需要追蹤一切數據，但你需要告訴自己：「我有做」，這會讓你開始在意自己是否有維持節奏。

2. 外部回饋：找一個可以對話、對帳的人

單打獨鬥難以長期持續，外部回饋不一定來自主管，也可以是夥伴。

你可以建立一週一次的「雙人對話制度」，每週互相問對方三個問題：

- 這週你有完成什麼行動？
- 你在哪個點卡住了？
- 下週你想做哪一件事？

這樣的對話比「檢討」更溫和，也比「報告」更有節奏性。重點不在於監督，而是有一個人和你一起走在行動路上。

3. 節奏儀式：讓反思變成固定行程，而不是等靈感來

儀式是一種「固定形式、固定時機、固定動作」的心理準備法。你可以設計：

- 每週五下午留 30 分鐘反思這週學到什麼、遇到什麼挑戰
- 每月第一個週一設一次「下一步規劃會議」，對自己做任務更新
- 每季度一次「成果外部化日」，你輸出一份整理過的簡報或貼文，無論是否對外公開

儀式的重點不在於內容，而在於形式穩定。它會讓你的大腦知道：「現在是該行動的時間」。

在某間跨國 SaaS 公司中，有位業務主管設計了一套「任務落實強化制度」，來協助他帶領的團隊穩定執行。

這套制度包含：

- 週回顧儀式：每週五下午全員需完成「本週行動一句話」紀錄，分享自己這週最有感的一個動作與對應結果

- 雙人任務配對制：團隊成員兩人一組，每週選定一項「微行動目標」，並於週末前互相回報完成情況與反思
- 主管提問回合：每月一次的行動檢討會，主管不總結成績，只問一句：「下個月你想挑戰什麼新的微動作？」

這樣的制度不靠激勵，不追績效，而是把「行動設計」變成文化的一部分。後來這個制度在其他區域團隊中被自發性地複製，也帶動了整體業務行動力的穩定提升。

另一位個人品牌業務者，原本是一位極度完美主義者，總是設下過多行動目標。他的待辦清單每週都有 10 件事，卻幾乎沒有完成過超過 3 項。這讓他一度產生自我懷疑，甚至懷疑自己是否適合自由業。

後來他重設了節奏，只做一件事：每週交付一項可見成果。這項成果可能是一段客戶教育貼文、一頁簡報、一段影片、一封電子報，甚至是一場私下講解。

他將這件事設定為「週五中午前交付」，無論大小，只要完成。他還邀請一位同行一起執行這項規則，兩人互相回報。三個月後，他發現自己反而更穩定，也更有產出節奏，工作焦慮感下降，自我感更明確。

「我以前以為自己要靠目標感推進，現在發現，節奏感才是我真正的動力來源。」這句話或許正是我們想留在這一

節的重點。

很多人誤以為行動力來自更強的意志，更緊的時間安排，更高的自我期待。但事實上，真正穩定的人不會逼迫自己，而是更會好地設計環境與節奏。他們用小小的設計，幫助自己「在正確的時間，做對的事情」。不需要時時激勵自己，只需要確保下一步能夠自然發生。

當你開始為自己設計節奏，為你的任務配上正確的提示點，並定期進行反思與微調，你就不再需要靠著「我今天有沒有動力」來啟動工作。你會變成一個可以為自己設定場景、設定節奏、設定行動的工作者。

3. 成為冠軍，是一種持續運作的系統

很多人在職場上不斷追求「達標」、「績效」、「升遷」，但很少人停下來問自己：我要成為怎麼樣的一個人？

當我們把所有努力只集中在「完成一個目標」、「解一個問題」、「拿下一筆業績」時，成就會是一時的，但焦慮也是。因為每一次達成後，接著而來的是：「接下來呢？」你可能會再設一個更大的目標、更高的要求，直到某一天你發現：你已經不確定自己為什麼而做。

詹姆斯．克萊爾（James Clear）在其著作《原子習慣》（*Atomic Habits*）中寫下這樣一句話：「真正長久的改變，不是你達成了什麼，而是你變成了誰。」他強調，習慣的本質，不在於你擁有什麼成果，而在於你成為什麼樣的人（Habits are not about having something, but about becoming someone.）。

這套觀點的深意在於：一個真正穩定、具備行動韌性的職業者，不是因為他曾經完成了某個驚人的目標，而是因為他每天所選擇的行為，逐步形塑了他作為「那樣一種人」的

身分認同。也就是說，他之所以持續努力，不是因為每天都靠意志力去克服困難，而是因為他已經認同自己是「會這樣做事的人」，這成了他的一部分，而不再是一項外在強迫的任務。

這樣的轉變，不只是語言上的修飾，也不只是目標管理的技術調整，而是一整套從行為選擇出發，最終滲透至自我身分的內在演進。它將習慣的建立，從「想做什麼」的階段，推進到「我是誰」的層次 —— 而正是這種根本性的身分轉化，讓行為變得自然、穩定，並具有長久的持續力。

這裡我們可以將這種成長歷程分為三層轉換：

第一層：
行為技巧（Tools & Methods）

這是大多數人最熟悉的層面：你學會了某個說話方式、提問結構、會議設計流程、時間管理方法。這些是外顯的技巧，容易傳授，也容易學到。

但光有技巧，行為是斷裂的、不穩定的。你可能在某天狀態好時表現得很順，下一次卻因為情緒、干擾、體力不足而完全忘記怎麼做。

第二層：
習慣型操作（Operational Habit）

當你重複某些技巧到一定頻率之後，它會進入「無需啟動、自然發生」的狀態。也就是說，你不需要提醒自己「該怎麼開場」，因為你的身體和語言已經有了預設程式。

這個層次的好處，是行為變成自動，不再消耗大量心智資源。你會發現自己每次接觸客戶都會自動切換到某種語氣，每次簡報前都自然使用某種結構。這些不是表現，而是日常。

第三層：
角色認同（Professional Identity）

當某些行為已內建為習慣，久而久之它會開始改變你對自己的認知。你不再只是「我學了某種技巧」，而是「我就是一個這樣做事的人」。

你會開始說：「我就是會每週輸出一份觀點的人」、「我就是在混亂中能找到秩序的人」、「我是一個可以讓團隊安心的人」。這就是行為轉化為身分的過程。

而當這種身分感一旦形成，就像是你人生中加裝了一套「自動回歸穩定」的系統。你可能有失誤，但不會掉得太久；你可能分心，但會自然歸位。這不是靠壓力，而是靠內化。

有一位我曾合作過的顧問，過去六年內轉職了五次。他每一次都很努力，也從不缺乏技能，但就是無法穩定累積成果。

他說自己常常陷入一種焦慮：「我好像一直在變強，卻總是在重新開始。」每一次換職場，他都必須重新適應文化、重新證明價值、重新找出成效模式。久而久之，他開始懷疑自己：「我是不是就是不適合長期走在同一條路上的人？」

直到後來某次合作機會中，我注意到他其實每次交付的內容都具備一定品質，只是他的行動方式非常「事件驅動」—— 被指定任務時可以很快完成，沒有任務時則容易陷入空轉。

我請他嘗試建立一套不依賴任務指令的「自我節奏系統」，內容非常簡單：

- 每週輸出一份小型內容（可為一段筆記、一頁簡報、一段教學）
- 每週回顧一次自己的觀點與行動紀錄（只要寫三句）

- 每月進行一次「工作角色自我描述」練習（用一句話描述自己這個月的成長）

剛開始的幾週，他其實並不順利。日誌總是寫到一半停下來，週輸出總是拖到最後一天，甚至有一次，因為忘記準備例行性會議簡報，臨時在場上拼湊資料，結果被客戶當場指出了漏洞。那天會後，他在會議室空無一人的牆角，站了足足十分鐘。他說自己第一次那麼深刻地意識到：「臨時衝刺永遠救不了一個沒有節奏的人。」

那次之後，他開始認真調整節奏設計。每週一設定小目標，每週三自我檢視進度，每週五早上預留 30 分鐘整理心得，無論忙碌或平淡都不跳過。剛開始很機械，但隨著執行，他發現自己逐漸擁有一種新的「職業內部節奏」。

三個月後，他不再需要提醒自己「要記得寫週輸出」，而是自然在週末感到「這週好像少了什麼」而主動補齊。半年後，他發現自己在團隊中被默認為「最可靠的對接窗口」，客戶也開始主動邀約他參與更前期的需求探索。

他後來對我說：「我終於懂了，做出好成績的人，不是每次都比別人拚，而是每天都比昨天多走一小步。」他不再焦躁，不再羨慕別人短暫爆發，而是深知：只要自己不斷累積，節奏會自己說話。

現在，他已經連續在同一家公司穩定任職四年，成為團隊中轉換率最高的顧問之一。

他的改變，不是因為學了新技術，而是他學會了「怎麼成為一個可以穩定累積的人」。

很多人以為成為冠軍要靠一場漂亮的爆發，一次震撼的表現。但真正的冠軍型成長，發生在每天微小選擇中。

同樣是一場客戶會議，有的人選擇「憑印象準備」，有的人則在前一天晚上就列好重點，設計好提問順序；同樣是處理一個案子，有的人遇到不懂的地方選擇略過，有的人則停下來查資料、問同事，補上那一塊知識空缺。

這些選擇，單次看不出差異。但是半年後、一年後，當機會來臨、當挑戰升高，已經打造出好節奏的人，能自然應對，而臨時抱佛腳的人，往往只能倉皇補破網。

每天選擇準備的人、選擇整理的人、選擇輸出的人、選擇反思的人 —— 這些人，就是每天在成為冠軍的人。

他們不靠運氣，不靠靈感，只靠每天的選擇，讓自己一點點接近自己想成為的人。

回顧本書的所有章節，我們談過銷售技巧、溝通策略、專業建立、行動設計。但這一切，最終都要回到一件事：你每天怎麼生活、怎麼行動、怎麼把這一切變成你的一部分。

所謂的「冠軍」，不是一場比賽的贏家，也不是某個業績數字的保持者，而是那個能夠在變動中找到節奏、在困難中維持行動、在日常中不斷累積的人。

你可以是這樣的人。如果你願意讓行為變成習慣、讓習慣成為角色，然後讓這個角色每天推進你一小步。

冠軍不是一天練成的。是每天練著，才會逐漸變成冠軍。

在書的結尾，想邀請你現在就做一個簡單的練習：

- 在紙上寫下：「我希望成為一個 ______ 的人。」
- 然後問自己：「這樣的人，今天會怎麼開始一天？」
- 再問自己：「這樣的人，這週會交付什麼行動？」

選一個最小的可以開始的動作、一個和你的未來身分對齊的舉動，把它寫下來，安排到你明天或這週的計畫表裡。

這一步，會在你心中種下一個節奏。而這個節奏，只要你每天走，終有一天，會走出一條屬於你的冠軍之路。

電子書購買

爽讀 APP

國家圖書館出版品預行編目資料

銷售有專攻！好心態才是銷售的資本：時間管理 × 情緒續航 × 顧客洞察……打破銷售焦慮循環，提升你的信任空間，成為顧客真正願意再見的人 / 姚若芯 著 . -- 第一版 . -- 臺北市 : 財經錢線文化事業有限公司 , 2025.06

面；　公分

POD 版

ISBN 978-626-408-296-9(平裝)

1.CST: 銷售 2.CST: 銷售員 3.CST: 職場成功法

496.5　　　　　　114007685

銷售有專攻！好心態才是銷售的資本：時間管理 × 情緒續航 × 顧客洞察……打破銷售焦慮循環，提升你的信任空間，成為顧客真正願意再見的人

臉書

作　　者：姚若芯

發 行 人：黃振庭

出 版 者：財經錢線文化事業有限公司

發 行 者：崧燁文化事業有限公司

E-mail：sonbookservice@gmail.com

粉 絲 頁：https://www.facebook.com/sonbookss/

網　　址：https://sonbook.net/

地　　址：台北市中正區重慶南路一段 61 號 8 樓

8F., No.61, Sec. 1, Chongqing S. Rd., Zhongzheng Dist., Taipei City 100, Taiwan

電　　話：(02) 2370-3310　傳　　真：(02) 2388-1990

印　　刷：京峯數位服務有限公司

律師顧問：廣華律師事務所 張珮琦律師

定　　價：299 元

發行日期：2025 年 06 月第一版

◎本書以 POD 印製